U0604655

肠道菌群与精准营养健康

任广旭　文　洁　主编

中国科学技术出版社
·北　京·

图书在版编目（CIP）数据

肠道菌群与精准营养健康 / 任广旭，文洁主编 . — 北京：中国科学技术出版社，2019.3（2019.11 重印）

ISBN 978-7-5046-7538-5

Ⅰ.①肠… Ⅱ.①任… ②文… Ⅲ.①肠道微生物—研究 Ⅳ.① Q939

中国版本图书馆 CIP 数据核字（2019）第 036239 号

策划编辑	符晓静
责任编辑	符晓静　王晓平
正文设计	中文天地
封面设计	季　蕾　孙雪骊
责任校对	蒋宵宵
责任印制	徐　飞

出　　版	中国科学技术出版社
发　　行	中国科学技术出版社有限公司发行部
地　　址	北京市海淀区中关村南大街 16 号
邮　　编	100081
发行电话	010-62173865
传　　真	010-62173081
网　　址	http://www.cspbooks.com.cn

开　　本	710 mm×1000 mm　1/16
字　　数	215 千字
印　　张	13
版　　次	2019 年 3 月第 1 版
印　　次	2019 年 11 月第 2 次印刷
印　　刷	北京博海升彩色印刷有限公司
书　　号	ISBN 978-7-5046-7538-5/ Q・215
定　　价	68.00 元

（凡购买本社图书，如有缺页、倒页、脱页者，本社发行部负责调换）

编　委　会

说 明

　　本书中一些研究结论和建议都是在特定实验条件下得出的，由于任何一种疾病和生理现象都是所有相关因素共同作用的结果，因此任何涉及医疗和保健的建议都不能代替医嘱，只能作为医生定期诊查的补充。建议读者在采用本书提到的任何医疗方案和治疗方法前，去咨询医生的具体建议。

序言

PREFACE

　　国民营养与健康状况是反映一个国家或地区的经济与社会发展水平、医疗卫生状况以及人口素质的重要指标。随着我国农业和社会经济的不断发展，人们已经基本摆脱了饥饿的困扰，但是食物营养结构的改变与人口结构老化也导致慢性病的高发。据统计，目前我国高血压患者数量超过了 2 亿人，并且仍以每年约 1000 万人的速度增长。此外，糖尿病患者数量在我国也是居高不下，已经超过了 9240 万人。慢性病已经成为引发死亡的重要因素。在这种大环境下，人们已经从关注如何吃饱，转向关注如何吃得营养与健康。与此同时，中国政府也已经把"健康中国"提升为国家战略，并陆续颁布了包括《中国食物与营养发展纲要（2014—2020 年）》《中国防治慢性病中长期规划（2017—2025 年）》以及《国民营养计划（2017—2030 年）》在内的多项国家性指导纲领。

　　当前，国内外科研人员对人体消化道微生态已经有了较为深入的研究，并发现肠道微生态与人体健康息息相关。最新研究结果表明，肠道微生态可以通过直接或者间接的方式，参与肥胖、高血压、糖尿病、冠心病、肠道炎症甚至神经系统疾病的产生与发展。值得庆幸的是，肠道微生态可以通过日常饮食来加以调整和塑造，这就为预防或者改善诸多慢性病提供了一把"金钥匙"，而这把"金钥匙"就藏在我们每天的饮食里。遗憾的是，一般人在日常生活中很难花大量的精力去捕捉最新、最准确的科研信息，即便找到了相关文献也会因研究性论文的晦涩难懂被拒之门外。帮助大家寻找并打造属于每个人的健康"金钥匙"，成为作者编写这本书的最大契机和驱动力。

本书的作者都是来自科研一线的研究人员。他们历时 3 年，搜集、整理国内外相关研究资料，然后将肠道微生态、食物营养与人体健康三者之间的复杂关系，用通俗易懂的语言呈现给读者。通过阅读本书，读者不仅可以在大脑中建立起全新的营养理念，还能对"肠道微生态如何参与健康调控"以及"食物如何通过调控肠道微生态来影响健康"等许多有趣的科学问题有一定程度的了解。

蔡永峰

教授级高级工程师

中国食品工业协会副会长

中国食品工业（集团）有限公司总经理

中国食品科学技术学会益生菌分会原理事长

中国营养餐产业技术创新战略联盟常务副理事长

目　录
CONTENTS

第一部分　微生物篇

一、饮食、肠道微生物和宿主的"黄金三角" / 002

（一）"神秘旅客"你是谁 / 003

（二）"神秘旅客"从哪里来，又要到哪里去 / 005

（三）如何掌控你，我的肠道菌群 / 007

（四）食如其人 / 010

（五）你的寿命谁决定 / 012

（六）吃好了也能治病 / 015

（七）吃也是能遗传的 / 016

参考文献 / 019

二、肠道微生物与免疫系统的那些事 / 022

（一）人体的"健康卫戍部队" / 023

（二）人体"健康卫戍部队"的构建 / 025

（三）肠道微生物参与免疫系统的构建 / 028

（四）食物过敏也是人之"肠"情 / 030

（五）再见，"肠炎君" / 032

（六）类风湿到底是怎么回事 / 034

（七）过敏性哮喘是肠道菌群的错吗 / 036

（八）慢性炎症也没放过你 / 038

（九）改善肠道菌群对免疫疾病治疗的前景 / 039

参考文献 / 040

三、肠道微生物的"小心思" / 043

（一）脑子与肠子"自下而上"的对话 / 044

（二）焦虑情绪也许源自肠道 / 045

（三）微生物的"小球"如何转动社交行为的
"大球" / 046

（四）脑子与肠子"自上而下"的对话 / 047

（五）"屁股"指挥"大脑"似乎也有道理 / 048

（六）神经内分泌失调也与肠道微生物相关 / 051

（七）肠道菌群失调可以让精神失常 / 052

（八）饮食可以成为改善大脑健康的一根救命稻草 / 055

参考文献 / 058

一、肠道微生物——健康的"晴雨表" / 062

（一）不要认为肠道只是个消化器官 / 063

（二）致命入侵 / 064

（三）细菌少了是一种悲哀 / 065

（四）便秘的秘密 / 068

（五）谈"瘤"色变 / 071

（六）胖是一种病，得治 / 073

参考文献 / 075

二、健康从"肠"计议，如何伺候好你的肠道菌群 / 078

（一）健康饮食为肠道减龄 / 079

（二）肠道年龄自测 / 079

（三）肠道提前老化危害多 / 082

（四）影响肠道年龄的因素 / 083

（五）如何让肠道保持年轻 / 083

（六）莫让情绪影响你的肠道 / 084

（七）肠道菌群失调可影响人的情绪 / 085

（八）季节更替，别忽视了肠道菌群的感受 / 088

（九）所谓"水土不服"，原来与肠道菌群相关 / 089

第二部分 健康篇

（十）旅行时别忘了带着肠道微生物 / 090

参考文献 / 092

三、糖尿病的"幕后推手" / 095

（一）鸡生蛋，蛋生鸡 / 096

（二）肠道菌群干预糖尿病的手段 / 099

（三）射人先射马，擒贼先擒王 / 100

（四）精准膳食控制 / 102

参考文献 / 106

一、饮食模式与膳食习惯 / 110

（一）一个馒头的"奇幻漂流" / 111

（二）膳食模式对肠道微生物的影响 / 113

（三）地中海膳食模式 / 114

（四）日本膳食模式 / 116

（五）西方膳食模式 / 117

（六）其他膳食模式 / 118

参考文献 / 122

二、肠道微生物的食物 / 126

（一）脂肪 / 127

（二）蛋白质 / 127

（三）糖类物质 / 128

（四）影响宿主健康的肠道微生物代谢产物 / 130

参考文献 / 132

三、肠道菌群的"私人定制" / 136

（一）人老"肠"未老 / 137

（二）慢性病，"肠"来医 / 140

参考文献 / 147

第三部分 **饮食篇**

第四部分 技术篇

一、基因测序技术：菌群研究的放大镜 / 152

（一）基因——书写所有生命的遗传密码 / 153

（二）一气呵成写"天书"——基因测序和遗传信息
解读 / 155

（三）一代测序技术 / 156

（四）二代测序技术 / 161

（五）三代测序技术 / 167

二、微生物学的研究进展 / 171

（一）人类对微生物的认知过程 / 172

（二）人体微生物研究热点的盘点 / 173

（三）微生物研究手段的发展历程 / 176

（四）微生物研究的现状与展望 / 178

三、肠道菌群测序流程及相关技术 / 181

（一）扩增子测序 / 182

（二）宏基因组测序 / 189

（三）宏转录组测序 / 193

附录

中国居民平衡膳食宝塔（2016）

微生物篇

第一部分

一、饮食、肠道微生物和宿主的"黄金三角"

　　你知道吗？在你的身体里住着一群不同寻常的"神秘旅客"。当你还在母亲肚子里的时候，他们就已经悄悄住进你的身体里，并且在你的一生中一直默默地陪伴着、影响着你，不断地改变着你。不管你知与不知，这些熟悉的"陌生人"一直都在。

　　也许你会问："这些'神秘旅客'在我们的身体里面究竟想要干什么？他们有什么不可告人的秘密？"这的确是非常好的问题。也正因如此，现在全世界的科研人员正在用各种各样的手段，试图打入"敌人"内部，去了解他们此行的真正目的。根据现在已经掌握的线索，这群"神秘旅客"似乎已经"劫持"了人类的身体，利用人类去为他们摄取食物，同时释放各种"化学武器"去影响人类的健康。

　　说到这里，你是不是会产生许多疑问？那就先看看咱们的问题是否一致：

　　✔ 这些"神秘旅客"到底是什么来头？他们是什么时候来到我们的身体里的？

　　✔ 他们到底对我们做了些什么？有好坏之分吗？我们能掌控他们吗？

　　如果你想知道这些问题的答案，那就请耐心地看完这部分内容。

（一）"神秘旅客"你是谁

有人问泰勒斯[①]："何事最难为？"他应道："认识你自己。"那么，我想问你，你到底有多了解自己呢？也许你会说，我当然了解自己了。其实不然，有时我们并不了解自己的身体。

在口腔、肠道以及皮肤里，寄居着数量和种类都非常庞大的微生物家族。这个大家族可以粗略地分为细菌、真菌、病毒和一些寄生生物[②]。例如，每天人体都要通过肠道排出粪便。可是你知道吗，这些粪便如果去掉水分，干重量的50%以上都是这些微生物及其"尸体"。这些微生物在你完全不知情的情况下，已经在你身体里慢慢地发展成了非常庞大的"神秘旅客"群。

接下来，先了解一下人体的肠道。教科书中对肠道是这样定义的：肠道是人体重要的消化器官，是从胃幽门至肛门的一段消化管，是人体消化、吸收食物中营养物质的场所。有数以万亿计的细菌栖息在人体的肠道中，其种类可能超过1000种。这是一个什么概念呢？这样说吧，肠道细菌的基因组数量之和是人类基因组的100～150倍。这么庞大的肠道菌群，在空间有限的肠道中生活，可谓热闹非凡！菌群的种属之分可以看作武林的不同"门派"，而它们的"门派"之争从未停止过。在肠道中，"门派"之间、"门派"与"东道主"之间的物质与信息的交换川流不息，每时每刻都上演着肠道微生物的资源争夺大战。

这到底是一个什么样的世界？以细菌为例，如果按照分布数量来划分，肠道菌群可以分为主要菌群和次要菌群（你可以理解成菌群中的"少数民族"）。你知道吗？占肠道菌群总数99%以上的细菌种类仅有30～40种，而其他种类的细菌全部加起来也不到肠道菌群种类总数的1%。目前，科研人员已经鉴定出的细菌类群有百余种，包括拟杆菌、双歧杆菌、乳酸杆菌、肠球菌和肠杆菌等。如果按照它们对人体健康的作用来划分，这些微生物又可以分成三大"派系"：益生菌

① 泰勒斯：古希腊时期的思想家、科学家、哲学家，创建了古希腊最早的哲学学派——米利都学派，被誉为古希腊七贤之一。

② 本书所涉及的肠道微生物主要是指肠道中寄生的各种细菌。

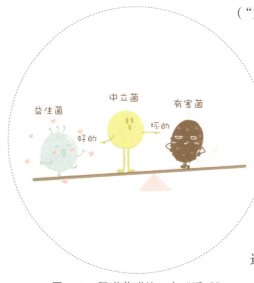

图 1-1　肠道菌群的三大"派系"

（"好菌派"）、有害菌（"坏菌派"）和中立菌（"中立派"）（图 1-1）。

1. 益生菌（"好菌派"）

世界卫生组织（World Health Organization，简称 WHO）给益生菌的定义是"活的微生物，当摄取充足的数量时，对宿主的健康有益"。比如，大家所熟悉的乳酸杆菌和双歧杆菌都是益生菌。这些益生菌不仅可以协助消化分解食物，还可以通过自身的代谢活动，分泌对人体有益的物质，如维生素、多肽和短链脂肪酸等。

2. 有害菌（"坏菌派"）

有害菌大多对人体无益。这些细菌的代谢产物往往容易致癌或者会影响免疫系统的功能。它们一旦失控大量繁殖，就会引发多种疾病。代表性菌种包括金黄色葡萄球菌、溶血性链球菌以及从外界获得的外源性菌种，如变形杆菌、假单胞菌和产气荚膜梭菌（它们可引起食物中毒）。

3. 中立菌（"中立派"）

中立菌具有不稳定性。换句话说，这种菌具有双重"性格"，如拟杆菌、链球菌等。在正常情况下，它们对健康有益；一旦增殖失控，或从肠道转移到身体其他部位，就会具有侵袭性和致病性。

当然，分类也不是那么绝对的。在环境改变的情况下，菌群也会变换自己的角色，即"好菌"可以变成"坏菌"，"坏菌"也可以"从良"。如果这些"派系"能够在人体里面遵守和谐共存的原则，那么肠道微生物也可以为人类所用，发挥它们的健康效用。如果环境变化，如生病等，有害菌就会借机"拉拢"处于摇摆状态的中立菌，那么益生菌就会腹背受敌；如果局势不能及时有效地得到控制，就会导致肠道菌群失调，出现各种相关疾病。

▶ （二）"神秘旅客"从哪里来，又要到哪里去

当你对这些"神秘旅客"建立了第一印象后，自然会问：这些家伙是什么时候悄悄潜入人体的？要想解开这个谜团，还得从胎儿时期说起。以前人们认为，母亲的子宫内是没有细菌存在的（包括胎盘、羊水和胎膜）。胎盘好比人类生命早期的生命保障线：它的主要作用是将母亲血液中的氧气、营养素以及保护性抗体等生命保障物质输送给胎儿，同时充当着防止胎儿感染的"防火墙"。所以，1个多世纪以来，医生和科学家都认为胎盘是无菌的。

这种观点，在2011年前后就受到多方面的质疑。科学家英迪拉·米索雷卡（Indira Mysorekar）和她的同事们，在美国密苏里州圣路易斯医院收集了200名产妇的胎盘样品。通过检测发现，接近1/3的胎盘中有细菌存在。但是奇怪的是，虽然观察到有细菌存在，却没有发现相应的免疫细胞（通常，"外来者"的入侵都会诱发体内的免疫细胞应答，详见第23页"人体的'健康卫戍部队'"），更没有发现与之相对应的炎症反应。研究人员解释说，这可能是由于这群细菌并不是致病菌，属于正常存在的微生物。后来，科研人员又在健康足月的新生儿胎便中发现了微生物存在的蛛丝马迹。不过，在学术界，对胎儿在母体环境下是否"无菌"，仍然没有达成一致意见。这主要是因为没办法确定所检测到的细菌究竟是其本身存在的，还是在后续检测过程中污染的。

不管是否达成共识，这些线索都说明在生命的早期阶段，微生物就已经开始试图与人体建立一定的联系了。这种联系随着包裹胎儿的胎膜破裂得到第一次升华。这时，胎儿将与母亲产道中的微生物来一次彻底的亲密接触。研究发现，阴道里驻扎着许多"守卫菌"。这些细菌一直在为胎儿的出生营造一个有利的环境。人的鼻孔里面有900多种细菌持有"长期居住证"，相比较而言，能在阴道里"落户"的细菌可就凤毛麟角了。这是因为在阴道里巡逻的"守卫菌"时刻分泌一种酸性物质，能将其他有害细菌驱赶干净，这就为胎儿的降生提供了一个健康的生命通道。当胎儿通过产道时，挤压会将一些"守卫菌"留在胎儿的皮肤上以及体内，这些就是最早在人体内取得"落户"资格的有益细菌。从这个角度来讲，母

亲对胎儿体内微生物的组成结构影响很大。那么，对于那些没办法顺产的胎儿来说，由于缺少了与母亲产道的接触过程，胎儿肠道菌群的组成结构是不是也受到一定程度的"牵连"？科研人员在一项研究中发现，通过阴道分娩的新生儿肠道中主要定植的是乳酸杆菌，而剖宫产新生儿的肠道中主要定植的是母亲皮肤上和医院里常见的细菌，比如葡萄球菌和不动杆菌。这些研究表明，不同分娩方式对婴儿的肠道菌群以及健康具有重要的影响。

母亲还可以通过母乳喂养来影响婴儿早期肠道菌群的组成。有证据表明，母乳喂养不仅可以促使婴儿胃肠道系统的形成和成熟，还有利于益生菌群在胃肠道定植。另外，婴儿出生后的喂养方式也相当重要。这是因为母乳喂养的婴儿比配方奶喂养的婴儿体内含有更高比例的双歧杆菌。来自美国的研究表明，母乳喂养的婴儿体内除富含双歧杆菌外，也含有能够对抗抗生素和有毒化合物的细菌。当婴儿体内寄居着这样一群具有特殊功能的肠道微生物时，婴儿就能够更好地抵抗外部环境造成的感染，而且母乳喂养已经被证明可以减少新生儿坏死性小肠结肠炎、儿童过敏和自身免疫性疾病，包括乳糜泻、1型糖尿病和哮喘的发病率。从这个意义上讲，有条件的母亲还是应该采用母乳喂养。

值得注意的是，在婴儿时期，孩子体内肠道微生物群落组成是极不稳定的，而且细菌的种类也比较单一。一般认为，新生儿有两次肠道菌群大调整的机会，也就是降生阶段和后期喂养阶段（图1-2）。到了2岁左右，采用不同分娩方式和喂养方式的婴儿，其肠道菌群都达到一个相对稳定的状态。这里需要特别说明一点，如果母亲在妊娠期或者婴儿在出生后服用过抗生素，这类药物就会对婴儿肠道菌群的组成产生不同程度的影响。

图1-2　影响新生儿肠道菌群组成的因素

到此为止，人体内的这些"神秘旅客"的早期雏形就基本建立起来了。你可别小看了这批"奠基菌"，它们对新生儿肠道微生物的组成是非常重要的。因为它们可能会增加或降低新生儿在儿童期和成年期罹患某些疾病的风险。有研究表明，剖宫产与日后肥胖、哮喘、腹腔疾病以及 1 型糖尿病的发病有关。虽然这个结果还需要等待更多的研究团队进行确认，但这至少说明了人类早期肠道菌群的建立会对今后的身体健康状况产生一系列的深远影响。

　　故事讲到这里，你应该明白这些"神秘旅客"是如何悄悄地潜入我们身体里了吧。如果你是一个爱思考的人，或许会问：如果我的孩子是剖宫产，我又不能母乳喂养，那该怎么办？有没有好的方法可以减少剖宫产给婴儿带来的这些不利影响？答案是肯定的。现在有一种叫作"产道播种"的技术。通俗地讲，这种技术是用棉签蘸取母亲产道内的体液，在剖宫产婴儿离开母体后立刻涂抹在其眼、口、鼻和皮肤上。这项技术已经在 18 名婴儿中进行了测试。结果发现，这种方式能够使剖宫产婴儿获得与自然分娩婴儿接近的肠道菌群。但是这种方式是不是有必要，有多大潜在风险科研人员仍不清楚。你需要知道的是，人们只要能确定某种细菌与健康的关系，就会想出相应的对策去趋利避害。

（三）如何掌控你，我的肠道菌群

　　既然我们已经知道了自己身体里这群"熟悉的陌生人"的来历，那么如何能够掌控这群神秘的"小伙伴"呢？据科研人员目前所掌握的情况，人体肠道微生物具有"既敏感又固执"的"双重性格"。这又从何说起呢？别急，听我们慢慢道来。

　　"敏感"是说肠道微生物会受到许多因素的影响。这些因素包括地区环境、饮食结构、性别、年龄以及健康状态等，概括而言就是受基因（内因）和环境（外因）两方面的影响。伦敦国王学院和美国康奈尔大学的研究人员通过研究不同类型双胞胎肠道菌群的组成后发现，同卵双胞胎的肠道微生物组成比异卵双胞胎的肠道微生物组成更为接近。

　　这里需要科普一下异卵双胞胎和同卵双胞胎的区别。同卵双胞胎是指双胞胎由同一受精卵发育而来的，他们拥有完全一致的遗传信息。由于双胞胎成长的环境都是一样的，也就是说同卵双胞胎的基因和环境都是一样的。而异卵双胞胎则和兄弟姐妹的情况类似，基因组成不完全相同，但生长发育的环境是相同的。所以异卵双胞胎的基因不同，环境相同。

通过比较这两种双胞胎肠道微生物的差异，发现人体的基因会在一定程度上影响并且决定肠道微生物的组成模式。这项有趣的研究已经发表在权威期刊《细胞》上。既然人们与生俱来的基因对肠道的影响如此重要，那是不是就应该听天由命呢？毕竟想要改变父母给的基因很难。最近，以色列魏茨曼科学研究所西格尔（Segal）研究团队专门针对这个问题开展了一项由 1000 名以色列人参与的研究。这项研究分析了人体的基因组、饮食结构、生活方式、用药习惯以及相对应的肠道微生物组成特点。他们发现，住在同一屋檐下的人，即便没有血缘关系，肠道菌群的组成结构也是高度相似的。这个团队还创新性地借助人工智能领域的思路，利用肠道微生物基因数据建立机器学习算法，最后精准预测了人体餐后的血糖等指标的变化趋势。这项研究的意义在于：虽然遗传因素能够在一定程度上影响肠道微生物的组成，但是环境因素完全可以改变这种影响。这项研究无疑给人们打了一针"强心剂"，告诉人们不要绝望，我们还有机会，这个机会就是饮食。只要能抓住这根救命稻草，我们就能掌控肠道微生物（图 1-3）。

俗话说得好："食如其人"。英语中也有相似的表述，"You are what you eat"。这句话可不是空穴来风。现在科研人员已经发现了很多支持这种表述的证据。比如，哈佛大学的研究人员在动物模型中发现，食物可以在 24 小时内改变它们体内微生物的数量以及其所表达的基因种类。后来，彼得·特恩博（Peter Turnbaugh）等也在人体中发现，一种饮食方式的更迭可以在 24 小时内改变体内微生物的构成。有意思的是，这种变化与饮食方式的变化惊人的一致，并且改回原来的饮食，肠道微生物又会回到以前的状态。所以，每个人由于饮食习惯的不同，每天所吃的食物种类也不同，这种差异很容易体现在体内的肠道微生物上。换句话说，不同的饮食习惯决定了每个人的体内有不尽相同的肠道微生物群体。如果我们进一步按照饮食习惯来划分的话，同一国家和地区的居民由于受到共同文化和习惯

图 1-3 可以通过膳食来调整肠道微生物的分布

的影响，饮食习惯还是较为相似的。

按照上述理论，我们不难得到一个假设：不同国家或地区的人群肠道微生物组成结构的差异取决于当地的饮食习惯。有一项研究刚好验证了这个假设，通过对俄罗斯、美国、丹麦和中国等不同国家人群的肠道微生物分布的系统调查发现，不同国家或地区居民的肠道微生物分布有很大不同。需要特别指出的是，俄罗斯农村地区居民体内的厚壁菌与放线菌的比例更高。研究人员推测，这有可能是由他们日常饮食中含有大量的淀粉所造成的。在欧洲儿童与非洲（布基纳法索）儿童肠道微生物的对比研究中，也得到了相似的结果。相较于欧洲儿童，由于非洲儿童的食物中含有大量的纤维素，导致他们体内多出了一些可以分解纤维素和木聚糖的微生物（如拟杆菌、普雷沃氏菌等）。一个人的饮食习惯将会导致他长期摄取含有某些特定营养素的食物。这种食物会有意地塑造某一类别的肠道微生物种群。

世界上存在这样一类人，他们长期以素食为主，坚决抵制一切肉食。他们就是所谓的素食主义者。从营养学的角度来看，素食主义者一般都会存在蛋白质和维生素摄取不足而纤维素摄取过量的情况。蛋白质、维生素的缺少以及纤维素的过量都会对肠道微生物造成一定的影响。从科研的角度来看，素食主义者恰恰是研究饮食结构和微生物关系的最佳群体。通过研究发现，在一些严格素食主义者的肠道中，球形梭菌、多枝梭菌等占了较大比例，而柔嫩梭菌要少一些。但在一些饮食习惯以肉食为主的欧洲人群中（如法国人、德国人、意大利人和瑞士人等），他们的肠道菌群中也有球形梭菌和拟杆菌属，而且普雷沃氏菌也占了较大的比例。摄取富含纤维素的食物，会导致体内多出一些分解纤维素能力强的肠道菌群。从这些研究中不难看出，人体肠道内微生物的分布数量、特性以及活力等与人们的饮食习惯和饮食结构有着较强的关联性。某一地域或有着某一饮食习惯的人群可能会有相似的、与其他地区不同的肠道菌群，并且这些肠道菌群有助于对饮食的消化吸收（图1-4）。

在此之前，我们一直在说肠道微生物的

图1-4　你吃什么决定了你是什么样的人

性格中有较为"敏感"的一面。其实，肠道微生物也有非常"固执"的一面。所谓"固执"主要是说饮食习惯与方式的短暂改变是很难引起体内核心微生物的生长和组成分布的改变。在一项研究中，4组志愿者分别被要求连续10天食用高/低脂肪和高/低纤维的食物，实验结果表明，短时间内膳食结构的变化并不足以引起体内核心微生物分布的明显变化。也就是说，饮食结构的短期变化可以使肠道微生物的种类和数量在一定程度上发生适应于环境的改变，以应对某种营养成分的突然增加或减少。这种短期内的饮食改变似乎并不能使肠道内的微生物环境出现明显的变化，而长期的饮食习惯才是决定肠道微生物总体分布结构的重要因素。这是因为你的肠道所定居的微生物群落是由每个人长期的饮食习惯所塑造的。举个例子，一个长期以肉食为主的人，体内会定居着能够专业处理肉食的菌群。

▶ （四）食如其人

现在有一种营养观点："食物的营养价值在一定程度上取决于体内所拥有的肠道微生物群落"。一般来说，食物中的营养素可以分为宏量营养素和微量营养素。宏量营养素主要包括糖类（旧称碳水化合物）、蛋白质和脂肪。糖类物质是人体从食物中获取的重要供能物质，包括单糖、二糖和多糖。单糖如葡萄糖，进入肠道后可以被快速地吸收利用。然而，对于一些大分子量的多糖（如纤维素、淀粉等）则不能被直接吸收。这些不能被人体直接消化吸收的多糖进入小肠后，会遇到许多肠道"原住民"——微生物。这些不能够被人体直接利用的多糖，在肠道里"摇身一变"就成了许多肠道微生物的"香饽饽"。

在一项研究饮食和肠道微生物关系的实验中，受试者每天都会吃到固定成分的减肥餐。减肥餐主要包括低糖、抗性淀粉和非淀粉性多糖3种。在经历10周的特殊营养干预后，研究人员检查了受试者肠道微生物的变化情况。结果显示，在食用抗性淀粉的受试者中，厚壁菌门细菌和直肠真杆菌的比例明显增加；在以低糖类的减肥餐为主的人群中，颤螺旋菌属细菌也有增加。这种增加的现象得益于一些微生物体内所携带的多酶体系，使它们拥有比人体更加高效的途径来分解多糖。

同样，肠道微生物在面对食物中的其他宏量营养素时也会有相应的反应。氨基酸和脂肪酸作为蛋白质和脂肪的消化产物，不仅对人体消化道细胞有一定的保护作用，还可以在一定程度上改变肠道微生物的分布和数量。为了合成具有各种生物功能的蛋白质，肠道菌群就不得不聚集在肠道里氨基酸浓度较高的地方，因为那里有大量的合成这些功能蛋白的原料，如在大肠内就存在大量利用氨基酸的细菌。消化道里的脂肪酸主要由食物中的脂肪经过降解产生，也可以由糖类物质（淀粉、纤维素等）在消化道内经过发酵产生。这些脂肪酸可以通过改变肠道内的酸碱度（pH 值），来改变肠道微生物的生长情况，进而影响肠道内微生物的分布状况。最新的科学研究结果表明，肠道内的脂肪酸可以通过快速改变肠道微生物的种类和分布结构，抑制一些对酸敏感的致病菌的生长。

已经有研究证实，当肠道内的 pH 值为 5.5 时，就只有 20% 的细菌能够产生丁酸；当 pH 值升高至 6.5 时，肠道内产丁酸的细菌就几乎接近消失，取而代之的是产生乙酸和丙酸的杆菌。在这些细菌的帮助下，食物中难以消化的多糖被降解成多种短链脂肪酸，如乙酸、丁酸、丙酸等。可千万不要小看这些短链脂肪酸，它们可作为直接能量来源被小肠上皮细胞吸收利用，具有调节人体健康的功效。如丙酸盐可直接被肠道菌群利用产生葡萄糖，而宿主的葡萄糖代谢失调是肥胖及糖尿病发病的主要原因；丁酸可增加乳酸杆菌的产量，而减少大肠杆菌的数量。

当微生物群落组成的变异被划分成集群 / 组（cluster）后，可以被称作肠道微生物菌型，简称肠型（enterotypes），并且可以作为一种区分人体肠道微生物的非常有效的方法。此研究方法被应用于人体肠道微生物的群落分类。不同饮食模式塑造不同的肠型。虽然目前学术界对肠型的划分没有一致的标准，但目前已有的研究可以提供一些划分的线索。例如，以动物蛋白、各种氨基酸和饱和脂肪为例，当人们的饮食习惯是吃一些富含蛋白质和脂肪的食物时，他们的肠道微生物群落倾向于拟杆菌型，所以日常膳食是以肉类为主的西方人群的肠型更倾向于拟杆菌型。相反，如果日常膳食是以糖类为主的人群，肠型则更加倾向于普雷沃氏菌型。饮食干预对人类肠道菌群生态系统的影响更温和，因此适合用于研究肠道菌群的可塑性。研究发现，饮食的改变可以在 4 天内导致体内肠型的改变，但是 10 天后肠型又可以恢复至原始状态。

世界上最后一个狩猎部落——哈扎部落（图 1-5），世世代代生活在非洲的坦桑尼亚的草原上。因为这个部落很少与外界接触，一直过着"男人打猎，女人采集"的原始生活，所以饮食模式也只能随着季节的变化而改变。国外的一个研究

图1-5　世界上最后一个狩猎部落——哈扎部落

团队一直希望通过研究这个特殊的人群来弄清楚人体的肠道菌群是否会随着季节的更替而发生变化。结果表明，哈扎人的肠道菌群确实呈现季节性的变化，而且这种变化是以年为单位进行循环更替的。在旱季，哈扎人多以肉类和块状茎类植物为食，所以肠型以普雷沃氏菌为主，同时肠道微生物的数量达到一年中的峰值。普雷沃氏菌有一个非常突出的特点——很善于分解植物组织，因此这类菌在旱季的时候就显得特别有用。从肠道微生物的多样性来看，哈扎人的比很多西方国家人群的高出30%左右，跟之前在委内瑞拉发现的亚诺玛米人肠道微生物的多样性特点非常相似。换句话说，这些接近原始生活的封闭人群肠道内拥有全世界最丰富的微生物群落。

肠道菌群在数量和分布上会对从食物中摄取的营养成分作出快速响应，甚至能够驯化人的口味，以应对食物带来的肠道环境的改变。这种反应也可以在一定程度上解释为什么中国北方人爱吃面食、南方人爱吃米。不同地域、不同饮食习惯造就了不同分解能力和偏好的肠道菌群，说白了就是只要食物能让肠道菌群"舒服"，人就爱吃了。

（五）你的寿命谁决定

延年益寿一直都是人们的梦想。如何实现这一梦想可谓是"仁者见仁，智者见智"。影响人的寿命的因素很多，这里我们只关心"吃"的因素。为什么我们只讲"吃"呢？因为"吃"实在是太重要了。你也许会提出异议，比如说基因才是最重要的。当然，我们不否定基因的重要性。但是，投胎是门儿"技术活"，有多少人足够幸运能够拥有长寿基因呢？我们没有去调研（其实也没办法去调研，因为现在根本就不知道哪个基因对寿命的长短起着决定性作用），但无疑这种幸运的人毕竟是少数。那我们芸芸众生该何去何从呢？以往人们都比较关心如何避免暴饮暴食、营养不良等基本日常饮食准则，这样做确实可以在一定程度上预防与其相关的疾病。

最近几年，科研人员发现，还有很多健康饮食准则也有预防相关疾病的作用。比如，控制进食的节律和时机，在总能量获取不变的前提下，有意地减少某些特定营养物质的摄取。2014 年，马克·马特森（Mark Mattson）等人就率先提出，就餐的频率和时间也会对人的健康造成一定影响。他们发现，如果能在日常生活中（除去睡觉 8 h 外的时间）对能量的获取进行科学管理，就可以在一定程度上改善并延缓某些疾病的发展。这可能是因为这样可以促进人体中脂肪的代谢，阻碍肥胖、高血压、糖尿病和心血管疾病的发生。这种方法对治疗阿尔茨海默病等也有一定的效果。此外，科学调整进食模式也会增加体内一些神经营养因子的累积量，对体内氧化应激和炎症反应都能起到一定的减缓作用。在如何选择摄取某些特定营养元素方面，也有一些研究结论可以借鉴。比如，在动物实验中，科学家就发现，如果减少食物的摄取量，就有可能延长动物的寿命。曾经有研究将小鼠食物中的蛋白质比例适当降低，结果小鼠寿命出现了一定程度的延长。

其实，在以上这些与寿命相关的饮食方式的背后，都能看到肠道菌群的影子（图 1-6）。1908 年的诺贝尔奖获得者梅奇尼科夫就提出了一个观点：肠道里生活着大量的细菌，有些细菌是不好的，能产生一些有毒、有害的物质。这些有毒物质有可能会加快人体衰老，甚至让人患病。科学家在一种线虫体内发现，有几十种大肠杆菌可以延长线虫的寿命，因为这些大肠杆菌能够延缓 β-淀粉样蛋白积聚。β-淀粉样蛋白积聚是导致中老年痴呆的一个重要因素。

中学生物教科书中讲过线粒体。它

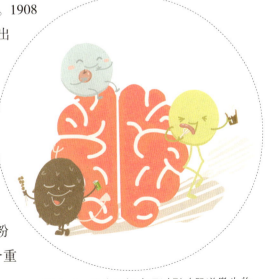

图 1-6　饮食习惯会通过影响肠道微生物来影响大脑以及寿命

是所有真核生物细胞中非常重要的细胞器，是细胞的能量工厂。人体肠道菌群中的荚膜异多糖酸抗衰老的原理就与线粒体的功能有关。作为代谢产物的荚膜异多糖酸在被肠道细胞吸收后，就会与细胞中的线粒体建立联系，帮助维持线粒体功能与蛋白质稳定，由此延长寿命。不过，目前此项研究结果还只限于哺乳动物、线虫和果蝇。

最近也有一些医学专家提出，人除了有生理年龄，还有肠道年龄。肠道年龄主要是用来衡量肠道内各种细菌的健康状态，并且由此来评估人体的健康状态。现在还没有一个统一的评价标准，只能主要根据益生菌的比例来进行初步的判断。益生菌的比例越高，肠道就越年轻。研究发现，长寿老人肠道中双歧杆菌的数量是普通老年人的 100 倍，普通健康老人肠道中双歧杆菌的数量又是患病老人的 50 倍。不过，肠道年龄与生理年龄不是绝对的对应关系。也就是说，生理年龄小的人，肠道年龄有可能偏大，因为不良的生活方式、饮食习惯或疾病困扰都会不同程度地改变肠道年龄（图 1-7）。根据之前讲的肠道菌群具有一定的可塑性的特点，肠道年龄不同于生理年龄，可以通过各种科学有效的饮食和生活方式使其"返老还童"。

图 1-7　不良的生活方式、饮食习惯或疾病困扰都会不同程度地改变肠道年龄

（六）吃好了也能治病

从控制营养素均衡摄取到控制肠道菌群结构的有序健康，人类已经为吃付出得太多了。你可能会感觉活了这么多年，突然觉得自己不会吃了。从历史的角度来看，人类从来没有像现在这样重视如何吃更健康。我们的祖先早就发现，除了补充能量，合理的饮食对某些疾病也有良好的治疗效果。在中国很早就有"食药同源"的说法。古代医书《千金要方》中也有相关阐述："夫为医者，当须先洞晓病源，知其所犯，以食治之，食疗不愈，然后命药。"后来逐渐形成"食疗"这一传统治疗疾病的方法。到了现代，不少研究也说明饮食健康与疾病的预防和治疗之间有不可忽视的关系。

在对北京、天津和上海等大城市进行的流行病学调查中发现，在日常膳食中增加动物性蛋白可以降低脑卒中的病死率，而盐的过量摄取则会增加脑卒中病死的发生风险。以少盐为饮食习惯的人群中，减少脂质和胆固醇的摄取会降低高血压所带来的风险。另外需要注意的是，尽量让不饱和脂肪酸取代饱和脂肪酸或反式脂肪酸，保证摄取充足的蔬菜、水果，多食全谷物和高纤维食品，减少糖类、盐等的摄取量等，对一些疾病（如冠心病、糖尿病和某些癌症）的治疗都有一定的积极作用。

一项关于膳食纤维的研究表明，高纤维含量的饮食可以降低体内胰岛素的含量，进而缓解其导致的高血压、肥胖和心血管疾病等症状。研究人员推测，可能是由于高纤维导致了脂肪代谢的改变，进而引起食欲的改变。人体所摄取的膳食纤维，还可以和体内的益生菌发生相互作用，改善菌群结构和活力。有实验表明，肠易激综合征（irritable bowel syndrome，简称 IBS）患者在食用了添加膳食纤维的益生菌发酵牛奶之后，一些病理症状出现了显著改善，说明膳食纤维对一些疾病具有疗效。脂肪酸一般是膳食纤维的代谢产物，是日常饮食中的重要成分，对疾病的预防和治疗具有积极的作用。例如，ω-3 脂肪酸是一组多元不饱和脂肪酸，常见于某些鱼类和植物中。在饮食中适当提高 ω-3 脂肪酸的比例，会对心血管疾病、慢性病、癌症和一些炎症反应等有较为理想的治疗效果。此外，脂肪酸中的短链脂肪酸特别是丁酸，一直被认为是一种生物应答调节剂（biological response modifier，简称BRM），具有一定的抗炎作用，可以调节体内抗炎因子的释放，并且可以诱导由基因变化引起的癌症细胞凋亡，因此在抗癌方面具有应用价值，在炎症性肠炎、肠癌等病症的治疗上已取得良好的效果。

一般来说，食物对疾病的缓解或治疗是由于食物中所含的某些特殊成分对患者的免疫系统、内分泌系统有一定的益处。从现在的视角来看，食物还可以通过塑造和改变体内肠道微生物群落的组成来影响疾病的发生与发展。这些年，肠道菌群可谓是"炙手可热"，它就像一个"花花公子"，"染指"人体健康的各个方面。当你了解这个神秘群体后，也就不足为奇了。打个比方，如果把肠道菌群比作一个"黑匣子"，这个"黑匣子"两头分别连接人体所摄取的食物以及营养素，"黑匣子"四周插满了各种传输管线，四通八达。"黑匣子"内部则包含了数目庞大的细菌，而每一个细菌体内都有一套基因组，它们新陈代谢活动频繁，每时每刻都在合成和分泌代谢产物。这些代谢产物被释放到人体内，通过肠道黏膜、血液循环等诸多途径进入各个器官，发挥功效。

但遗憾的是，现在科学研究还不能做到将所有细菌与疾病、健康的关系进行一一对应。不过，随着大数据和机器学习的发展，通过建立肠道菌群大数据及其与疾病、健康的对应关系，然后建立一套科学合理的算法，利用这种算法就能够通过粪便中的细菌来预测人体发生某些疾病的风险或者健康状况。由于肠道菌群是一个受饮食调控非常明显的群体，这就为通过食物改善或者预防疾病提供了可能性。2000多年前的《黄帝内经》就有记载："上医治未病，中医治欲病，下医治已病。"未来，人们能够通过肠道微生物和食物的完美结合来治未病。

▶（七）吃也是能遗传的

吃难道也会遗传吗？在回答这个问题之前，请你跟我用物种进化的思维来考虑这个问题。假如，在一个与外界隔离的海岛上生活着一群原始人类，可能比哈扎部落的人更加原始。他们日常摄取的食物只能取自这个小岛，只能有什么吃什么，无论是否好吃，无论是否容易消化吸收，总之你不得不吃（如果你想活下去的话）。后来，只有那些能够利用这些特殊食物的人活下来了，而且顺利地将他们的基因遗传给后代。而在他们的后代中，只有少数孩子足够幸运地遗传到能够分解代谢这些食物的基因，那么他们就可以比其他孩子更好地适应生长环境。这种优势在漫长的繁衍过程中会越来越明显。同时，长期的饮食习惯也慢慢塑造了这群孩子体内的肠道微生物，使善于利用这种食物的细菌逐渐成为核心群落，并且时刻为这群幸运的孩子提供"双保险"。在这种思维模式下，请你再回头看看"吃难道也会遗传吗"，也许会有新的理解。

上面的例子只是一种逻辑推测，那么到底有没有支撑这种理论的证据呢？还真有。来自圭尔夫大学（University of Guelph）的研究团队开展了一项关于饮食习惯与遗传因素的有趣研究。研究发现，在47名儿童中（年龄范围为18个月到5周岁不等），有近80%的儿童至少携带了3种与味觉受体细胞有关的基因变体中的一种。这种基因变体可能会使他们养成吃零食的不良习惯。携带这种基因变体的儿童口腔可能对脂肪的敏感度较低，因此会消耗更多的脂肪食物。

同样，国际顶尖学术期刊《细胞》也报道了上一代的饮食的确会对下一代的某些基因产生一定的影响。让我们来看看这个有意思的研究结论是如何得出的。马萨诸塞州大学医学院的奥利弗·兰多（Oliver Lando）团队以雄性鼠为研究对象，所有的雄性鼠一断奶就开始给它们喂低蛋白食物，直至这些老鼠性发育成熟才停止。之后，他们又对这些雄性鼠的下一代进行研究，发现第二代幼鼠身上出现了上千种突变基因，特别是肝脏部位，而且这些突变基因严重影响了它们的代谢功能。例如，后代身上出现了一种名为过氧化物酶体增殖物激活型受体的基因，这种基因在肝脏中负责胆固醇和脂类的生物转化。这会让人联想到父母营养不良时，后代"孙辈"的基因也将会出现一些有意思的变化。已经有研究表明，这种家庭的第三代是受影响最大的一代，或者说那些基因组的变化会积聚在第三代动物体内，并伴随其一生。但是，研究人员尚不清楚这些基因所携带的信息是如何从雄性老鼠传递到其子女身上的。

饮食影响的遗传性还可以表现在食物对遗传物质的影响上。例如，日常饮食中的胆固醇含量过高可能会造成遗传物质在表达方式上的改变，这种改变体现在对脂蛋白代谢的改变上。近几年，关于由饮食诱发的肥胖与其所导致的高血压、脂肪肝、糖尿病还有一些心血管疾病的研究，成为研究饮食对遗传的影响的一个方向。饮食中的不当摄取一方面会导致上述疾病的发生；另一方面会作用于遗传物质，造成一些遗传物质在编码、表达上出现变化。

有研究结果表明，在猪的非酒精性脂肪肝中，一些在长链非编码 RNA（long non-coding RNA，以下简称 lncRNA）辅助下的基因的表达发生了一些变化。由长期高热量、高能量饮食造成的非酒精性脂肪肝似乎与 lncRNAs 联系紧密。此外，在由饮食因素导致肥胖的小鼠细胞内，也发现了超过 50 个不受调控的微 RNA（microRNA，以下简称 miRNA）。这些 RNA 有的已经被证明与肥胖有紧密联系，还有一些尚未被识别。miRNA 的失控会导致部分信使 RNA（messenger RNA，以下简称 mRNA）的表达受到影响。值得注意的是，这些由不当饮食所引起的肥胖与并发症似乎始终伴随着细胞内 RNA 的变化，而这种变化似乎还具有遗传效应。在生殖过程中，一些 RNA 会随生殖细胞进入后代，同时遗传的可能还有上个世代的某些性状。2014 年，研究人员发现，有过外伤性应激反应的小鼠在 miRNA 表达、行为和代谢调控方面都出现了相应的改变，并且这些变化在其后代身上也有所体现。因为在人类精子中存在大量的 RNA（如 miRNA 等），所以这些 RNA 可作为表观遗传的决定因素传递给下一代，并介导后代的表观遗传性状。有一项关于 RNA 遗传性的实验则验证了由饮食导致的代谢改变和遗传效应的问题。高脂肪、高糖的饮食使小鼠患上了肥胖、2 型糖尿病等病症，发现它们的后代也出现了相似的病理症状，而健康对照组的后代并没有出现这种现象。

从另外一份较早的统计数据来看，饮食影响的遗传效应在人类身上也有所体现。通过对不同年龄段数据的统计分析发现，在 8 ~ 12 岁这个特殊的年龄段不同的饮食质量将产生不同的"隔代响应"，即孙辈会受到祖父母饮食状况的影响。这说明了饮食影响不仅会遗传给下一代，而且还可能会产生隔代遗传的效果。

除表观遗传方面的影响之外，肠道菌群遗传也被证明是饮食影响的一种方式。2016 年，一项在小鼠身上的研究发现了这种影响方式的存在：对于食用高脂肪食物的小鼠，其后代小鼠在社交行为能力上往往会出现一定的削弱。进一步的研究表明，母体正常饮食组的小鼠较母体高脂肪饮食组的小鼠拥有更强的社交能力，并且有不一样的肠道菌群结构，且菌群密度更大。这一研究说明，母体的饮食习惯可能会使下一代的肠道菌群结构发生变化，进而对下一代的生活产生一定影响。

本章小结

食物中蕴含的各种营养成分会通过直接或者间接的方式被人体消化、吸收和利用，为人类生存提供必需的物质和能量。与此同时，这些食物也不断地塑造肠道中的微生物种群。这些微生物依赖人体这个宿主获取生存所必需的物质，同时也分泌代谢产物反过来影响人体的健康。可以说，肠道微生物与宿主之间时时刻刻都在进行物质、信息和能量的交换。因此，肠道微生物、饮食和宿主之间就会形成一个紧密联系的生物信息网络，我们称之为"黄金三角"。"黄金三角"实际上就是一个命运共同体。成员之间如果和谐有序地"相处"，整个共同体就会变得健康，反之就会出现诸多问题。

参考文献

[1] Ballard O, Morrow A L. Human milk composition: nutrients and bioactive factors [J]. Pediatric Clinics of North America, 2013, 60（1）: 49–74.

[2] Biagi E, Candela M, Turroni S, et al. Ageing and gut microbes: perspectives for health maintenance and longevity [J]. Pharmacological Research the Official Journal of the Italian Pharmacological Society, 2013, 69（1）: 11–20.

[3] Blaser M J, Dominguez-Bello M G. The human microbiome before birth [J]. Cell Host & Microbe, 2016, 20（5）: 558–560.

[4] Buffington S A, Prisco G V D, Auchtung T A, et al. Microbial reconstitution reverses maternal diet-induced social and synaptic deficits in offspring [J]. Cell, 2016, 165（7）: 1762–1775.

[5] Chen J, He X, Huang J. Diet effects in gut microbiome and obesity [J]. Journal of Food Science, 2014, 79（4）: R442–R451.

[6] Choi S C, Kim B J, Rhee P L, et al. Probiotic fermented milk containing dietary fiber has additive effects in IBS with constipation compared to plain probiotic fermented milk [J]. Gut & Liver, 2011, 5（1）: 22–28.

［7］de Vos W M, de Vos E A. Role of the intestinal microbiome in health and disease: from correlation to causation ［J］. Nutrition Reviews, 2012, 70 (Suppl 1): S45−S56.

［8］Den B G, Van E K, Groen A K, et al. The role of short-chain fatty acids in the interplay between diet, gut microbiota and host energy metabolism ［J］. Journal of Lipid Research, 2013, 54 (9): 2325−2340.

［9］Dominguez-Bello M G, Costello E K, Contreras M, et al. Delivery mode shapes the acquisition and structure of the initial microbiota across multiple body habitats in newborns ［J］. Proceedings of the National Academy of Sciences of the United States of America, 2010, 107 (26): 11971−11975.

［10］Fallani M, Amarri S, Uusijarvi A, et al. Determinants of the human infant intestinal microbiota after introduction of first complementary foods in five European centres ［J］. Microbiology, 2011, 157 (Pt 5): 1385−1392.

［11］Filippo C D, Cavalieri D, Paola M D, et al. Impact of diet in shaping gut microbiota revealed by a comparative study in children from Europe and rural Africa ［J］. Proceedings of the National Academy of Sciences of the United States of America, 2010, 107 (33): 14691−14696.

［12］Fontana L, Partridge L. Promoting health and longevity through diet: from model organisms to humans ［J］. Cell, 2015, 161 (1): 106−118.

［13］Gill S R, Pop M, Robert T D, et al. Metagenomic analysis of the human distal gut microbiome ［J］. Science, 2006, 312 (5778): 1355−1359.

［14］Hanski I, von Hertzen L, Fyhrquist N, et al. Environmental biodiversity, human microbiota and allergy are interrelated ［J］. Proceedings of the National Academy of Sciences of the United States of America, 2012, 109 (21): 8334−8339.

［15］Lederberg J. Infectious history ［J］. Science, 2000, 288 (5464): 287−293.

［16］Levine M E, Suarez J A, Brandhorst S, et al. Low protein intake is associated with a major reduction in IGF-1, cancer, and overall mortality in the 65 and younger but not older population ［J］. Cell Metabolism, 2014, 19 (3): 407−417.

［17］Mattson M P, Allison D B, Fontana L, et al. Meal frequency and timing in health and disease ［J］. Proceedings of the National Academy of Sciences of the United States of America, 2014, 111 (47): 16647−16653.

［18］Mattson M P. Energy intake and exercise as determinants of brain health and vulnerability to injury and disease ［J］. Cell Metabolism, 2012, 16（6）: 706-722.

［19］Michael J, Morowitz, Alverdy, et al. Contributions of intestinal bacteria to nutrition and metabolism in the critically ill ［J］. Surgical Clinics of North America, 2011, 91（4）: 771-785.

［20］Mold J E, Mccune J M. Maternal alloantigens promote the development of tolerogenic fetal regulatory T cells in utero ［J］. Science, 2008, 322（5907）: 1562-1565.

［21］Park J H, Ahn J, Kim S, et al. Murine hepatic miRNAs expression and regulation of gene expression in diet-induced obese mice ［J］. Molecules & Cells, 2011, 31（1）: 33-38.

［22］Rainwater D L, Vandeberg J L, Mahaney M C. Effects of diet on genetic regulation of lipoprotein metabolism in baboons ［J］. Atherosclerosis, 2010, 213（2）: 499-504.

［23］Rautava S, Luoto R, Salminen S, et al. Microbial contact during pregnancy, intestinal colonization and human disease ［J］. Nature Reviews Gastroenterology & Hepatology, 2012, 9（10）: 565-576.

［24］Roger L C, Costabile A, Holland D T, et al. Examination of faecal *Bifidobacterium* populations in breast-fed and formula-fed infants during the first 18 months of life ［J］. Microbiology, 2010, 156（Pt 11）: 3329-3341.

［25］Solonbiet S M, Mcmahon A C, Ballard J W, et al. The ratio of macronutrients, not caloric intake, dictates cardiometabolic health, aging and longevity in ad libitum-fed mice ［J］. Cell Metabolism, 2014, 19（3）: 418-430.

［26］Tyakht A V, Kostryukova E S, Popenko A S, et al. Human gut microbiota community structures in urban and rural populations in Russia ［J］. Gut Microbes, 2014, 4（3）: 2469-2478.

［27］Walker A. Breast milk as the gold standard for protective nutrients ［J］. Journal of Pediatrics, 2010, 156（S2）: S3-S7.

［28］Wu G D, Chen J, Hoffmann C, et al. Linking long-term dietary patterns with gut microbial enterotypes ［J］. Science, 2011, 334（6052）: 105-108.

二、肠道微生物与免疫系统的那些事

现代医学之父希波克拉底（图1-8）说过一句话："最好的医生就是你自己。"其实，每个时代对这句话的理解都不一样，按照现在的知识结构也可以理解成：世界上最好的医生就是自己身体里的免疫系统。

人体内的免疫系统可算得上一支装备精良的现代化"国防军"。当你的身体面临外来病原体或自身癌变的挑战时，就会调动整个"国防军"来处置突发事件。这里面有"警卫""士兵""情报部""武器工厂""通信兵"以及负责决策的"指挥部"。如何使这些成员高效运转，是维持人体长期健康的根本之所在。现在发现，人体的肠道微生态就好比是免疫调控的"指挥部"，时时刻刻掌控着这支"健康卫戍部队"——免疫系统的动向，每时每刻都进行着信息交换、"文件"的上传下达、组织进攻，可谓好不热闹。

既然知道肠道在免疫系统中的重要作用，事情就好办了，我们可以向曹操学习一下，也来个"挟天子以令诸侯"。这个"天子"就是肠道微生物。这些微生物能量很大，携带的基因信息是人体的100倍，而且很容易受食物的诱惑。"诸侯"呢，就是身体的"健康卫戍部队"——免疫系统。它们虽然强大，但一定程度上还要听这些肠道微生物的话。

图1-8　希波克拉底

（一）人体的"健康卫戍部队"

首先让我们来介绍一下人体内的这支"武装力量"。它们之间的分工和协作是非常复杂和精细的，直到现在科学家都没有完全弄清楚它们的"工作"机制。为了帮助大家理解，可以粗略地将这支"武装力量"分成两大"军团"，一个叫"天然免疫（natural immunity）军团"，另一个叫"获得性免疫（acquired immunity）军团"。

顾名思义，"天然免疫军团"是在出生时就已经具备的"武装力量"。它们的管辖范围广，不针对特定的"敌人"，在整个防御体系中具有重要作用，是抵抗外来病原体侵略的第一道防线。"天然免疫军团"的"主将"有巨噬细胞、自然杀伤细胞（natural killer cell，简称 NK）、肥大细胞、嗜碱性粒细胞、嗜酸性粒细胞等。这些细胞的优势在于能够快速应答，一般在感染后的 96 小时内就有反应。它们的缺点是缺乏持久性，而且记忆力差、还"脸盲"，下次再遇到相同的"敌人"就又不认识了，又得从头来一次（图 1-9）。

"获得性免疫军团"恰恰与"天然免疫军团"互补，它们是在感染（病愈或无症状感染）或人工接种疫苗后获得的一种特异性抗感染能力。这个"军团"的"主

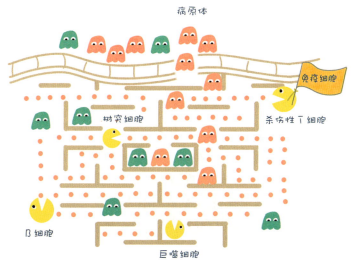

图 1-9　人体的"健康卫戍部队"——免疫系统

将"有 T 细胞和 B 细胞（产生抗体的细胞）。从定义可以看出，这些细胞反应具有特异性，也就是说它们的"记忆力"特别好，"敌人"下次再来，即便是"整了容，换了马甲"，也逃不出它们的法眼，而且这种记忆是终生的。这就是有些病人的一生只会得一次的原因。

到这里，你也许看出来了，这两大"军团"平时需要相互配合，这样才会相得益彰。最近的研究发现，这两大"军团"也不是那么的泾渭分明，它们也有相互融合的中间地带，在中间地带它们的信息交换更加快捷有效。

那么，这两大"军团"如何应对突发事件呢？咱们可以先假设一个情景：有一天，你不小心被家里的小宠物咬了一口。这时候，你首先要做的是去医院。让我们来看看在去医院的这段时间里你的身体到底发生了哪些变化。

在宠物咬伤你的瞬间，身体的物理防御屏障（皮肤）首先被突破，外界的细菌（包括小宠物牙齿上的细菌）会借机进入你的身体。这些细菌进入身体后会遇到血液，血液对于细菌来说可是天然的大餐呀！所以它们开始疯狂地分裂增殖。这时候，在体内巡逻的"天然免疫军团"——巨噬细胞、抗原提呈细胞以及单核细胞等会首先发现它们。这些免疫细胞（比如巨噬细胞）大多时候能够独自应对细菌的入侵，它们每一个细胞都能吞噬掉 100 多个入侵者。这些入侵者会被巨噬细胞的消化系统（蛋白酶体、溶酶体等）降解消化，最终会被肢解成 8 ～ 10 个氨基酸的片段。这些片段会被运送到巨噬细胞的表面（你可以理解成"城门口"）"示众"。与此同时，巨噬细胞还会释放一些炎症因子，招募更多的战友在伤口处集结。血管收到战斗的"集结信号"后会释放水分，这样就会让"军事信息"交换得更加迅速，同时也会增强后续"支援部队"的机动性。此刻，正在巡逻的中性粒细胞接收到巨噬细胞发出的"集结信号"，立马通过各种趋化因子迅速"导航"到战场参加战斗。中性粒细胞是典型的"战争狂"，它们首先用隔离网将"入侵者"困住，然后开始逐个歼灭。当然，有时候它们也会误伤自己的"战友"。

如果"敌人"在短时间内还不能被有效控制，"获得性免疫军团"的 T 细胞就会被召集过来。这些细胞到来后，会通过表面的 T 细胞抗原受体（T cell receptor，简称 TCR）识别系统识别展示在抗原提呈细胞表面的"敌人"身份信息（含有 8 ～ 10 个氨基酸的短肽，你也可以理解成"人脸识别系统"）。随后，T 细胞被激活。每一个 T 细胞都在胸腺中接受过魔鬼式训练，只有不到 1/4 的 T 细胞能够合格毕业，所以 T 细胞一旦被激活，战斗力一定是爆表的。T 细胞中的主战部队是

CD8 分子杀伤性 T 细胞。它们装备精良，是破敌制胜的一把"尖刀"。另外，T 细胞中还包括辅助性 T 细胞（helper T cells，简称 Th），它们并不直接参加战斗，而是分泌各种细胞因子。这些细胞因子就好比各种命令，能够将很多刚从胸腺毕业的"新兵"转化成记忆性 T 细胞。被记忆性 T 细胞记住的"敌人"就算被列入人体的"黑名单"了。将来一旦发现这帮被列入"黑名单"的"敌人"再次侵犯，体内巡逻的记忆性 T 细胞就会立马被激活，直接将"敌人"斩草除根，都不需要请示"上级领导"。"获得性免疫军团"的 B 细胞接到辅助性 T 细胞发出的"命令"后，会源源不断地产生能够特异性清除"敌人"的抗体。这些抗体拥有精确制导的"弹头"，被释放到血液中一直巡逻。如果发现"敌人"再次出现，它们会将其牢牢锁住，并送入"监狱"执行死刑（图 1-10）。

　　整个协作过程配合得天衣无缝，团队作战能够将大部分入侵者就地正法。但是也有例外，如果咬你的宠物牙齿里有一个叫作狂犬病毒的"敌人"存在，而且你又没有及时到医院接种狂犬疫苗，病毒一旦在体内发作，你身体里的"健康卫戍部队"是没有办法反败为胜的。临床观察发现，狂犬病一旦发病，致死率为 100%。所以各位饲养宠物的小伙伴们一定要给自己的宠物接种相关疫苗，如果被宠物咬伤，务必要尽快到医疗机构接受治疗，千万不要大意。

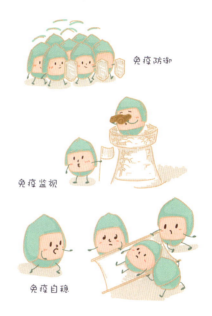

免疫防御

免疫监视

免疫自稳

图 1-10　免疫系统的作用

（二）人体"健康卫戍部队"的构建

　　前文已经介绍了人体的"健康卫戍部队"在紧急状态下是如何协同作战的。那么身体里这支被赋予特殊使命的"健康卫戍部队"是怎样一步步地建立起来的呢？人体的免疫系统是一个非常精妙的防御网络，可以具体分为负责训练部队并决定部队规模的中枢免疫器官（"总指挥部"，如胸腺、骨髓等）、负责驻扎成边的外周免疫器官和组织（"军分区"，如淋巴结、脾脏等）、负责具体作战任务的免疫细胞（"野战部队"，如 T 细胞、B 细胞等）以及负责信息传递的细胞因子（"信号兵"，如白细胞介素、趋化因子等）。接下来我们就按照各"兵种"介绍一下免疫系统的主要成员（图 1-11）。

1. "游击队员"

"游击队"的核心成员有中性粒细胞、单核细胞。它们之所以被称为"游击队员"，是因为这些细胞一般都是孤军奋战。它们通过血液和淋巴在全身游走，负责发现"敌情"，并发动第一轮攻击。

2. "边防哨所"

"边防哨所"指的是能够在组织内负责免疫反应的巨噬细胞。前面已经介绍过巨噬细胞有一个特点：一言不合就吃了你，吃完以后还要把你身上的标志物找出来，放在城墙外进行"游街示众"，比较记仇。

3. "警报员"

肥大细胞就是免疫系统的"警报员"。它们发现有"敌人"入侵或者发现有"人"火拼时，就会拉响警报，通过分泌信号因子迅速集结部队。

4. "游街大队长"

树突细胞就是免疫细胞的"游街大队长"。这名字乍一听，你是不是会觉得这细胞长得就像树枝啊？没错！这种细胞长得就跟树枝一样，有很多分叉。这种结构就是为了使树突细胞能够更广泛地捕获"敌人"，像巨噬细胞一样将其肢解，并将敌人的"番号"标志物展示在细胞表面，以便后面特异性 T 细胞直接攻击。

5. "野战部队"

细胞毒性 T 细胞（cytoxic T lymphocyte，简称 CTL）和自然杀伤细胞是免疫系统中的"野战部队"。它们武器装备先进，就像一把尖刀，能直接插入"敌人"的胸膛。

6. "灭火大队"

调节性 T 细胞（regulatory T cell，以下简称 Treg）应该算是免疫系统的"灭火

图 1-11　免疫细胞对抗病原菌和癌细胞

大队"。它们能够通过分泌抑制性细胞因子来及时抑制过度的免疫应答。

在了解完这些细胞的功能以及在免疫系统里承担的角色后，我们就选几个比较重要的免疫细胞，聊一聊它们的生长发育过程。

在机体免疫系统建立的过程中，淋巴细胞的发育和成熟非常重要。别看 T 淋巴细胞和 B 淋巴细胞不同，如果追溯"祖先"，就会发现它们均起源于相同的干细胞。它们可谓"同宗同族"，只是后面走向了不同的发展道路（图 1-12）。

T 细胞前体由骨髓进入胸腺，可谓进了"魔鬼训练营"。胸腺特殊的环境将会对这些T细胞前体进行阳性选择和阴性选择。最终，那些不分敌我伤害自己的"战争狂"会选择性地被清除。能够合格毕业的都是不能识别自身抗原，而具备识别外源性抗原潜力的淋巴细胞，即淋巴干细胞。它们随血液流动到达淋巴组织后被分到"基层锻炼"，慢慢发育成为有免疫活性的细胞。

B 细胞的发育起源于肝脏，在人的胎龄为 7 ~ 18 周时，从卵黄囊迁至肝脏的造血干细胞进一步发育为成熟 B 细胞。期间要经历两个阶段：第一个阶段由淋巴干细胞按照原 B 细胞、前 B 细胞、未成熟 B 细胞和成熟 B 细胞进行分化；第二阶段叫作抗原依赖阶段。这个阶段，成熟 B 细胞在抗原的刺激下变成活化 B 细胞。

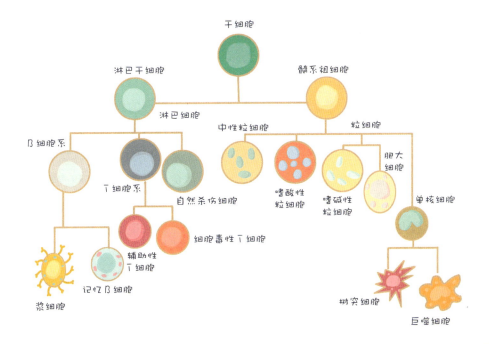

图 1-12　免疫细胞的分化

记忆 B 细胞最终发育成能够分泌抗体的浆细胞。

除了 T 细胞和 B 细胞，人体内还需要一种专门"踩刹车"的细胞，即 Treg。免疫细胞在面对外来"入侵者"时，有时候会无法控制"火力"的大小，这就会造成过度免疫应答，形成误伤。这时候就需要 Treg 来进行专业"灭火"。这些特殊"灭火队员"在人体内的数量并不多，但是对维持人体的免疫稳态却是非常关键的。它们能够分泌抑制性细胞因子，对免疫反应进行"制动"。

这些免疫细胞的建立，在人类生命的早期就已经开始了。目前研究发现，在妊娠 7.5 周时，胎儿肝脏就可以被检测出有混合淋巴细胞反应。胸腺发生此反应的时间则为妊娠 10 周、脾为妊娠 13 周、外周血为妊娠 14.5 周，但是在骨髓中却不发生此类反应。在胎龄 12 周时，骨髓中的 B 细胞开始成熟。与此同时，在淋巴结和外周血中均可检测到 T 细胞。妊娠 21 周，母体子宫内病毒感染时，胎儿会出现自然杀伤细胞增多和血小板减少症；母体子宫内细菌感染时，则会出现中性粒细胞增多。新生儿呱呱落地时，免疫细胞及生物学功能已基本发育成熟。新生儿的免疫功能之所以低下，是因为免疫细胞未受非己抗原刺激。

▶ （三）肠道微生物参与免疫系统的构建

俗话说，"不干不净，吃了没病"。这句话从科学发展的角度来看，其实还是有一定道理的。环境不但可以塑造肠道微生物，还能塑造人体的免疫系统。从这个角度来讲，人体肠道微生物与免疫系统应该有着某种特殊的联系。生命从诞生的那一刻起，就始终与周围的环境进行接触，身体免疫系统的发育和成熟也主要依赖于生命早期的微生物暴露。尽管人体可以通过诸如皮肤、口腔、鼻孔以及毛发等多种途径与微生物接触，但就微生物的种类和数量来说，肠道算是最为集中的场所。流行病学调查数据表明，生活在农村的儿童其过敏症、哮喘和湿疹等疾病的发病率较低；研究人员同时还发现，养宠物的家庭里的儿童似乎具有更强的抵抗力。这些儿童的共同特点是接触各种菌群的机会较多，长此以往，免疫系统在这种复杂的环境中会渐渐地得到"训练"，并时刻处于高度警戒的活跃状态。而在城市，尤其是一些发达国家的那种在"超净"环境中成长起来的儿童，免疫系统得不到一定的训练，也就产生不了很好的抵抗力，在面对复杂的外界环境时，脆弱的免疫系统自然是难负重任的。

肠道上皮是机体内环境和肠腔内肠道微生物之间的一个重要屏障。在人出生后很长的一段时间内，肠道上皮细胞的紧密性和免疫调节网络都比较脆弱。生命早期免疫系统的稳态依赖于肠道微生物稳态的建立及与外源性食物长时间的接触和刺激。一般来说，婴儿出生后第一年是肠道微生物稳态逐步建立的阶段，也是免疫系统发育和成熟的关键时期。在此期间，婴儿的喂养方式和固体食物添加等因素均会影响肠道上皮的完整性及肠道菌群的构成，最终影响宿主的免疫功能。婴儿由母乳喂养到固体食物过渡的断乳期，肠道菌群会发生剧烈的变化，如占优势菌群的兼性厌氧菌大肠杆菌和链球菌逐渐减少而专性厌氧菌增加。随着固态食物的不断引入，婴幼儿的肠道菌群逐渐接近成年人，逐步发展为包含拟杆菌和梭菌的稳定菌群。同时，机体的免疫功能在断乳期到 3 岁左右也逐渐发生重要的变化。这段时间，来源于母亲的免疫球蛋白介导的被动免疫逐步减弱，肠道固有层绒毛和上皮内的 B 细胞和 T 细胞数目显著增加，且参与肠道上皮宿主免疫的杀菌颗粒蛋白［如血管生成蛋白-4（Angiogenin-4）］被诱导表达，迅速达到成年人的水平（图 1-13）。

正常情况下，小肠、回肠、结肠中均存在约 50 微米的黏液层，能将食物流体和肠道上皮细胞隔开，同时黏液层中抗菌肽的产生使肠道微生物很难直接接触肠道上皮细胞和免疫细胞。但在生命早期，肠道黏膜层并未完全形成，肠道微生物可借助特殊分子特性突破黏膜层，或者黏膜层形成过程中会出现功能弱化的区域，这时肠道微生物就能够与肠道上皮细胞和免疫细胞产生直接接触。肠道上皮由单层肠道上皮细胞组成，具有分泌、消化、吸收的功能。肠道上皮提供了一个主要的生理屏障，将肠腔内的共生菌与肠道外的无菌组织隔离开。尽管这些上皮细胞不是免疫细胞，但是除了具有机械性保护功能，还参与了一系列的免疫调节活动，如分泌抗菌肽、细胞因子和趋化因子等。

诸多证据都表明，肠道菌群可调节抗原提呈细胞（包括树突细胞和巨噬细胞）的发育。无菌小鼠（germ-free mice）肠道内抗原提

图 1-13 免疫系统的构建

呈细胞的数量减少，但是全身并无变化。研究人员发现，将大肠杆菌定植到无菌小鼠肠道后，肠道外树突细胞向肠道内转移。CD4+T 细胞是适应性免疫系统中的关键组分，肠道内的 CD4+T 细胞主要分布在肠道固有层。在接受外界刺激后，幼稚的 CD4+ 细胞分化为 Th1、Th2、Th17 及 Treg。T 细胞亚型之间的恰当调节和稳态是人体健康的决定性因素。正常情况下，Th1 和 Th2 细胞处于动态平衡，失控的辅助性 T 细胞响应会导致疾病的发生。肠道菌群对肠道内外 CD4+T 细胞的发育发挥着重要作用。正常稳态下，肠道内存在大量的 T 细胞，产生白细胞介素-17（interleukin，以下简称 IL）如 IL-17、IL-22、IL-10 等。肠道菌群缺失后，这些细胞的产生就会出现缺陷，表现为 CD4+T 细胞成员中的 Th1 和 Th17 减少。无菌小鼠的肠道在定植细菌后，体内 Th1、Th17 和 Treg 细胞的数目均会增加，细胞因子水平也恢复到正常状况。可见，肠道菌群能够调节肠道内 T 细胞亚群。

　　肠道菌群与免疫系统的失衡会导致诸多疾病的发生。接下来，我们就详细介绍常见的又比较重要的与免疫相关的疾病。

▶ （四）食物过敏也是人之"肠"情

　　在一阵胡吃海喝之后，有些人会出现种种不适。对那些属于过敏体质的人来说，吃错东西可能会导致荨麻疹、肿胀、呕吐，严重的甚至会威胁生命。国外媒体有过这样一则报道，在加拿大蒙特利尔，一名 20 岁的女子从小就对花生过敏。但是她的男朋友却不了解，在吃过花生后跟她接吻，直接导致女子出现严重过敏反应，送到医院后宣告不治。这个吻因此被称为"死亡之吻"。为什么吃个东西也会要了命呢？这其实跟人体里那支"健康卫戍部队"有关。过敏原是一种外来抗原。当免疫系统错误地将食物中的过敏原视为"敌人"时，就会组织全部力量来抵抗这些所谓的"敌人"——免疫细胞会将组胺和免疫球蛋白 E（immunoglobulin E，以下简称 IgE）等化学物质释放到血液中来试图保护机体。当再次食用含有同一过敏原的食物时，体内的免疫系统就会接收到 IgE 发来的警报，迅速召集肥大细胞和嗜碱性粒细胞前来。它们分泌的物质就会引起过敏症状，如疹子、瘙痒、打喷嚏和流鼻涕等。历史上曾记载过一次过敏事件，埃及法老美尼斯就是因为被当地的黄蜂蜇后导致过敏而死亡的。

随着人类饮食习惯和周围环境的改变，食物过敏逐渐成为不可忽视的世界性疾病（图 1-14）。1990—2003 年，英国因食物过敏的入院率升高了 5 倍；1995—2006 年，澳大利亚食物过敏的发生率增加了 12 倍。美国疾病控制中心的数据显示，年龄在 18 岁以下的未成年人中发生食物过敏者超过 300 万人，发生率为 3.9%，而年龄在 5 岁以下的儿童的发病率更高。

图 1-14　食物过敏

如此看来，"健康卫戍部队"的过度紧张也不是一件好事。接下来就站在"健康卫戍部队"的立场，看看它们在面对不同食物的时候，是如何导致过敏反应的。

第一种情况，吃进去的可疑食物被 B 细胞分泌的抗体 IgE 发现，并且被认为是可能的"敌人"，于是就会诱导体液免疫的过敏反应。第二种情况，可疑食物被巡逻的免疫细胞截获，免疫细胞被激活并引发一系列连锁反应。第三种情况，可疑食物很不幸的同时遇到正在巡逻的免疫细胞和 IgE，这下就热闹了，体液免疫和细胞免疫同时被触发。接下来，我们把"镜头"切换到可疑食物与 IgE 偶遇的场景吧。含有过敏原的食物抗原激活肠固有膜的 IgE 浆细胞，继而产生大量的 IgE 抗体，并且与免疫系统中的"警报员"——肥大细胞结合，固定在这些细胞表面。当食物中的致敏抗原再次进入体内，就会与胃肠道黏膜肥大细胞表面的 IgE 相结合，激活肥大细胞并使其出现脱颗粒现象，进而释放一系列与过敏反应有关的炎症介质，使血管通透性增加（图 1-15）。

细心的人都会发现，上述过敏反应发生的地方都集中在胃肠道。这也不难理解，毕竟食物的消化吸收过程就发生在这些地方。胃肠道黏膜屏障为吸收消化食物和排泄废物提供了巨大的黏膜面积，在维

图 1-15　过敏反应

持消化系统的正常功能以及呈递外源性抗原过程中发挥着重要作用。肠道正常菌群和肠道黏膜结合形成的机械屏障、免疫屏障和生物屏障不仅发挥着保护体内环境稳定的作用，而且能有效防止致病物质的入侵以及细菌内毒素的转移。肠道微生物可通过代谢产物（如短链脂肪酸）或影响肠道上皮细胞紧密连接蛋白等方式直接或间接地调节肠道黏膜的机械屏障，同时还能促进机体的体液免疫和辅助性 T 细胞应答等。

因此，肠道菌群在过敏发生和发展过程中都发挥了重要作用。分泌型免疫球蛋白 A（secretory immunoglobulin A，以下简称 sIgA）是肠道黏膜免疫的核心物质。婴儿和儿童由于肠道微生态平衡能力有限，加之益生菌的大量降低，会导致肠道黏膜分泌 sIgA 水平降低，进而使肠道黏膜屏障不能有效地阻止食物性抗原的入侵，导致血清中出现抗食物蛋白的抗体，诱发机体发生超敏反应。过敏患者与非过敏者的肠道微生物存在差异，在诸多研究中均得到了证实。有研究者采用直接快速涂片法分析食物过敏婴儿和健康婴儿肠道菌群的差异，发现食物过敏者革兰阳性菌比例较低，革兰阴性菌和革兰阳性球菌较高。研究者跟踪研究食物过敏患儿与健康儿肠道菌群的差异，发现过敏患儿出生后第一个月肠球菌定植明显减少，出生后 1 年双歧杆菌定植也较少。

（五）再见，"肠炎君"

俗话说，"好汉也架不住三泡稀"。换句话说，就是持续性腹泻对人体健康的影响很大（图1-16）。这种持续性腹泻在医学上的名称叫作炎症性肠炎（inflammatory bowel disease，简称 IBD）。它是一种以肠道免疫功能失常为主的非特异炎症性疾病，主要包括溃疡性结肠炎（ulcerative colitis，简称 UC）和克罗恩病（Crohn disease，简称 CD）。据中国统计资料显示，溃疡性结肠炎高发年龄为 20 ～ 49 岁。男女性别差异不大，

图 1-16　远离肠炎的侵扰

为（1.0～1.3）∶1。临床症状主要为持续或反复发作的腹泻、黏性脓血便伴腹痛及不同程度的全身症状。克罗恩病常于青春期发病，发病高峰期为18～35岁。男性略多于女性，比例为1.5∶1。克罗恩病临床表现较为多样（图1-17）。其中，消化道表现主要包括腹泻和腹痛。

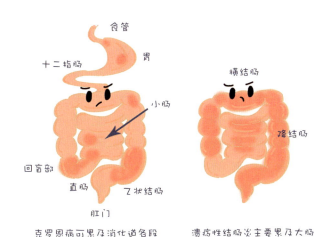

图1-17 克罗恩病和溃疡性结肠炎累及的肠道部位

如果按照诱发肠炎的"凶手"划分，可以粗略地将肠炎分为细菌性肠炎、病毒性肠炎、寄生虫性肠炎和真菌性肠炎。根据细菌性肠炎的"幕后推手"又可以将细菌性肠炎分为产气肠毒性和侵袭性两大类。肠毒素性细菌性肠炎如大家比较熟悉的霍乱，主要表现为较重腹泻，粪便为大量水样便，没有脓血，也没有腹痛，常伴有呕吐，容易造成脱水。侵袭性细菌性肠炎常见于细菌性痢疾，临床表现为全身毒血症明显，伴有高热，甚至发生休克，也会出现腹痛、腹泻及黏液脓血便。病毒性肠炎一般为自限性疾病，通常不需要病原治疗便可自愈。寄生虫性肠炎由原虫和血吸虫引起的较为常见。真菌性肠炎主要与肠道菌群的失调有关。

之所以称为肠炎，是因为这种疾病一定与免疫系统所诱发的免疫炎症有关。美国库珀（Cooper）教授就曾经说过，在结肠炎这一类疾病中，免疫系统被不恰当地激活，引发了一系列症状，如疼痛、腹泻、发热和体重减轻。这种免疫反应的激活又与肠道的微生态有着非常紧密的关系。目前对于肠道微生物和炎症性肠炎关系的研究发现，炎症性肠炎患者的肠道存在菌群失调的现象。研究人员对68例克罗恩病患者、84例非感染亲属以及55例对照者的肠道菌群进行分析后发现，克罗恩病患者存在肠道菌群失调。其中，双歧杆菌、柔嫩梭菌属、小类杆菌属等菌种增多，而活泼瘤胃球菌减少。

国内也有研究团队对20例克罗恩病患者入院后的首次便样进行菌群分析。他们发现，克罗恩病患者存在不同程度的肠道微生物失调，其菌群以双歧杆菌、大肠杆菌、拟杆菌和金黄色葡萄球菌为主，且双歧杆菌和乳酸杆菌的数量显著低于健康对照组。

综合来看，炎症性肠炎患者肠道微生物的特点为益生菌或抗炎菌（如双歧杆菌、乳酸杆菌、柔嫩梭菌等）数量减少，而有害菌（如葡萄球菌、梭状芽孢杆菌等）数量增加，同时还伴随某些正常菌（如肠球菌、肠杆菌、拟杆菌等）的过度增殖。

虽然大量研究已证实炎症性肠炎患者的肠道微生态发生了改变，但究竟是哪种细菌或者微生物促进了炎症性肠炎的发生和发展呢？目前尚无确切的证据。可能与炎症性肠炎发病相关的微生物（如大肠杆菌、耶尔森菌、普氏粪杆菌、假单胞菌，艰难梭菌、弯曲杆菌、腺病毒、轮状病毒以及支原体）有关，可能与疾病的复发也有关。

肠道细菌参与炎症性肠炎发病的可能机制：炎症性肠炎患者肠道菌群失调，致病菌增加，分泌肠毒素使肠道上皮细胞通透性增加；增多的致病菌直接侵袭、损伤肠道上皮细胞，破坏肠道黏膜屏障；致病菌分泌免疫抑制蛋白导致黏膜免疫功能失调。

▶ （六）类风湿到底是怎么回事

19世纪以前，人们对类风湿还没有什么概念，但这并不代表这种病是19世纪以后才产生的。其实，人类一直都没有逃离过类风湿的"骚扰"。很多时候，人们都是按照腰疼、腿疼以及关节疼来认识它。后来随着研究的深入，医学界对类风湿性关节炎（rheumatoid arthritis，简称RA）有了一个科学系统的定义，即一种临床上较为多见、全身性、慢性的自身免疫性疾病。该疾病的临床特征表现为晨僵、小关节的对称性炎症、累及关节滑膜，同时关节软骨、软骨下骨、关节囊受损，最终导致关节畸形和功能的部分甚至全部丧失，部分患者会出现不同程度的全身表现（图1-18）。上了岁数的人，多多少少都会出现一些关节疼痛，他们老说自己是风湿病。那么问题就来了，风湿病和类风湿病

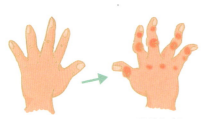

手关节畸形

图1-18　类风湿的特点：手关节畸形

到底是不是一回事？等到去医院检查过后，就会发现他们担心的所谓的风湿其实是类风湿性关节炎。

图 1-19　类风湿性关节炎的表现

究竟什么是类风湿性关节炎呢？它是一种病因未明的慢性病，是一种以炎性滑膜炎为主的系统性疾病。这种病通常是手、足小关节的多关节、对称性、侵袭性关节炎，经常伴有关节外器官受累，而且患者的血清也出现类风湿因子为阳性（图 1-19）。类风湿晚期重症患者甚至会因出现关节畸形及功能性丧失而致残。类风湿性关节炎在不同国家发病率存在明显的差异，一般西方发达国家发病率略高于发展中国家，而我国类风湿性关节炎发病率为 0.3% ~ 0.4%，发病年龄主要集中在 40 ~ 50 岁。该病还存在性别差异，一般女性发病率是男性的 2 ~ 3 倍，甚至更高。

咱们老百姓平时所说的风湿又是什么病呢？其实老百姓嘴里的风湿更多的是骨性关节炎。这是一种退行性病变，主要是由年龄的增长、肥胖、劳损、创伤和关节先天性异常引起的，又叫骨关节病，说白了就是"零件"的老化。因为骨关节炎与类风湿性关节炎同属于关节的病变，所以常常被老百姓叫错。

这里还是主要谈谈类风湿性关节炎。既然大部分中老年人是这类疾病的患者，而且如果病情持续恶化，通常会造成严重的后果，那么我们就特别需要了解其发病的原因。

目前认为，类风湿性关节炎的病因比较复杂，是遗传因素和环境因素共同作用的结果。到目前为止，关于类风湿性关节炎发病的机制尚无定论，比较流行的一种说法是，最初抗原与黏膜免疫系统接触，促炎症反应受到抑制，该过程被称为口服耐受。口服耐受的破坏易引起类风湿性关节炎等自身免疫性疾病的发生，自身的免疫应答及由类风湿因子主导形成的免疫化合物进一步激活补体，进而对自身组织产生攻击并形成破坏。类风湿性关节炎的发病部分归因于遗传因素，明确报道的与类风湿性关节炎相关的基因位于 Ⅱ 类组织相容性复合物 HLA-DRβ1 位点的五肽上。

随着研究的深入，发现肠道微生物的定植和平衡对类风湿性关节炎发病的影响超过单一致病菌侵入的影响。类风湿性关节炎患者的肠道微生物已发生显著性改变。正常情况下，肠道上皮细胞组成的黏膜屏障会阻止肠道微生物及其代谢产物的侵入，但当饮食、生活方式改变时（如吸烟、肥胖、长期服用抗生素或病原菌感染等），就会引起肠道菌群失调。完整的肠道上皮细胞屏障对肠道起到了很重要的保护作用，很少有抗原能穿过屏障到达固有层和免疫细胞存储层。如果发生泄漏，肠道黏膜对微生物及其他分子的通透性会增加，从而炎症反应会增强。肠道菌群失调会改变肠道上皮和黏膜的通透性，使机体对固有菌丧失免疫耐受，致敏免疫细胞和抗原就会在关节处聚集，导致类风湿性关节炎等疾病的发生。

对类风湿性关节炎患者肠道菌群的研究表明，与类风湿性关节炎炎症疼痛患者相比，普通患者类杆菌属、普雷沃氏菌属、卟啉单胞菌属水平显著较低，而类杆菌属是已知的对肠道起保护作用的细菌。研究发现，类风湿性关节炎的发病与幽门螺杆菌感染密切相关，类风湿性关节炎患者幽门螺杆菌感染比例显著高于对照。临床上用血沉和 C 反应蛋白来反映类风湿性关节炎活动期的状况，研究发现，类风湿性关节炎患者中幽门螺杆菌阳性者血沉和 C 反应蛋白显著高于幽门螺杆菌阴性者。

▶ （七）过敏性哮喘是肠道菌群的错吗

哮喘是一种发生在呼吸道的慢性炎症疾病（图 1-20）。呼吸道是空气进出肺脏的通道。当这个通道出现问题时，空气进出肺脏就会受到影响，所以哮喘发病时会感觉到呼吸困难。这里主要介绍的过敏性哮喘（allergic asthma，简称 AA）是由多种免疫细胞尤其是肥大细胞、嗜酸性粒细胞和 T 细胞参与的，是以气道高反应性为主要病理改变的慢性气道炎症，主要临床表现为咳嗽、胸闷、伴有哮鸣音等。

据不完全统计，全球有高达 300 万人正遭受该疾病的困

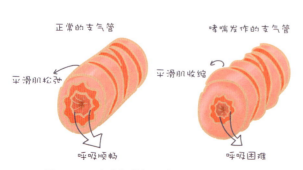

图 1-20　哮喘气管与正常支气管的形态对比

扰，且该疾病的发病率在多数国家呈现上升趋势。其中，发
达国家的发病率要高于发展中国家，给家庭和社
会带来了巨大的负担。目前的观点多认为过
敏症起源于生命早期，此时婴儿应该在环
境抗原的刺激下发育自身的免疫耐受能力
（图1-21）。如果此时免疫系统发育不良，
就容易形成对抗原的超敏反应。斯特罗
恩（Strachan）的"卫生假说"目前被认
为是解释全球过敏性疾病患病率增加的主
要学说。该假说认为在新生儿时期，由于环
境中缺少接触传染源、共生微生物（如益生菌）、
寄生虫的机会，从而限制了免疫系统的正常发
育，增加了患过敏性疾病的机会。

图1-21 常见的哮喘过敏原

　　加拿大英属哥伦比亚大学的布雷特·芬莱（Brett Finlay）团队分析了加拿大
319位儿童的肠道菌群，发现患哮喘的婴儿在生命的头100天里表现出了短暂的
肠道菌群失调。这项研究发现，主要有4个属的细菌（毛螺菌属、韦永氏球菌属、
柔嫩梭菌属和罗氏菌属）在哮喘儿童体内明显减少。病理学调查资料也显示，过
敏性哮喘的发病和生命早期肠道菌群失调密切相关（图1-22）。

　　目前来看，与生命早期肠道微生物相关且影响过敏性哮喘发病的因素包括分
娩方式和抗生素的使用等。对于自然分娩的婴儿，产道中的微生物会定植到婴儿
的呼吸道中，产生免疫耐受，从而降低新生儿罹患过敏性哮喘的概率。当然如果
产妇肠道微生物存在失调，也会增加新
生儿患病的概率。抗生素的使用会破坏
肠道内的菌群平衡，进而增加自身患过
敏性哮喘的概率。有研究给予不同年龄
组的小鼠口服抗生素后，分析其肠道菌
群构成以及与外因引起的过敏性哮喘之
间的关系。结果发现，幼年小鼠在服用
抗生素后，肠道内细菌的种类减少、菌
群构成明显改变，同时对人为外因的敏

图1-22 哮喘婴儿的肠道菌群失调

感性增强，更容易患过敏性哮喘。瑞辛（Risnes）等跟踪研究了 1401 名儿童，发现如果婴儿在生命早期接受过一个疗程的抗生素治疗，那么将来罹患不可治愈型过敏性哮喘的风险就会增加 40%。为了治疗难治感染而接受过第二个疗程抗生素治疗的婴儿，将来患过敏性哮喘的危险会增加 70%。可见过早地使用抗生素，可能会通过引起肠道菌群失调来增加儿童将来患过敏性哮喘等过敏性疾病的风险。

菌群定植对过敏性哮喘产生影响的机制尚未完全明了，当前研究主要认为过敏性疾病的发生与免疫耐受发育不完全密切相关。免疫耐受发育不完全主要包括 Th1/Th2 失衡以及 Th17/Treg 转换失衡。胎儿在母体内受母体免疫系统和胎盘屏障的保护基本无菌，此时胎儿和母体的免疫系统都表现为 Th1 功能相对弱而 Th2 功能相对较强，即免疫的耐受状态。新生儿出生时，Th1 的功能增强而 Th2 的功能相对减弱，表现为婴儿对病原性微生物的抵抗力增强，而过敏反应和自身免疫反应受到一定的抑制，从而使机体的免疫系统达到新的平衡。在此期间，肠道菌群的作用至关重要，肠道菌群一旦失调就会增加婴儿患过敏性哮喘的风险（图 1-23）。

图 1-23　微生物粉末喷雾入肺

过敏性哮喘的发生除有 Th1/Th2 细胞参与外，还可能有其他类型 T 细胞参与，如 Th17 细胞产生的 IL-17A 就参与了儿童过敏性哮喘的发生。促炎的 Th17 细胞和抗炎的 Treg 细胞相互制约以保持平衡，一旦平衡被打破，就会出现炎症反应，进而引发异常免疫反应，从而引发过敏性哮喘等疾病。动物实验已表明，肠道微生物失调可引起 Th17/Treg 失衡。因此，肠道菌群可能会通过调节 Th17/Treg，影响过敏性哮喘。

（八）慢性炎症也没放过你

研究表明，包括肥胖、糖尿病、血脂异常等的慢性代谢类疾病都伴随着低度炎症反应。高脂饮食导致的肥胖小鼠中，肌肉、肝脏和脂肪组织中多种炎症因子的表达量均增加，如 IL-1、肿瘤坏死因子 α（tumor necrosis factor α，以下简称 TNF-α）、单细胞趋化蛋白 1（monocyte chemoattractant protein 1，简称 MCP-1）和 IL-6，这些因子均参与了胰岛素抵抗的形成。在这些慢性代谢类疾病当中，引起炎症反应的原因一直存在争议。最近研究发现，肠道中革兰阴性菌细胞壁的组成成分脂多糖（lipopolysaccharide，简称 LPS）能够引起慢性、低度炎症反应，在相关慢性代谢类疾病中发挥着重要作用。肠道菌群一旦结构失调，会使肠道黏膜的通透性增加，导致由肠道进入外周血循环中的脂多糖浓度升高，脂多糖能够与受体 CD14 形成免疫复合物，并被免疫细胞表面的 Toll 样受体 4 识别，进一步通过一系列信号传导，引起多种炎症因子的表达，导致机体的慢性、低度炎症反应，进而引起肥胖和胰岛素抵抗。

（九）改善肠道菌群对免疫疾病治疗的前景

肠道中有一些对宿主有益的活性微生物，具有确切的健康功能，能够改善宿主微生态平衡。这些有益的细菌或真菌统称为益生菌，主要包括丁酸梭菌、乳酸杆菌、双歧杆菌、嗜酸乳杆菌、放线菌、酵母菌、柔嫩梭菌等。如柔嫩梭菌可能参与克罗恩病的抗炎作用；在免疫功能不全的小鼠体内，脆弱拟杆菌可通过产生前列腺特异性抗原来诱导产生结肠部位的炎症因子 IL-10，进而抑制促炎因子 IL-17 的产生，降低因幽门螺杆菌引起的结肠炎的发病概率。研究发现，服用益生菌胶囊或者发酵乳制品可以直接改善机体的肠道微生态，同时抑制免疫性相关疾病的产生和发展。现在市场上已有部分益生菌制剂用于治疗婴儿的过敏性疾病。研究表明，服用乳酸杆菌可减轻各种过敏性疾病的严重程度，包括过敏性皮炎、湿疹及食物过敏。随着肠道微生物研究的不断深入，未来一方面会发现更多的益生菌菌株及其功能，并用于临床免疫疾病的治疗；另一方面共生菌株的整体移植会给一些顽固的免疫疾病的治疗带来新的思路和希望。

本章小结

　　人之所以能够健康地活着，一定要感谢身体里的"健康卫戍部队"——免疫系统。这个系统运行正常，身体将会有条不紊地运转；如果机体出现免疫力低下，就会给入侵的"敌人"以及自身"叛变"的细胞以可乘之机，进而出现各种感染疾病或者癌症。反之，如果身体反应过度或者过分紧张，秉着"宁可错杀一千，也不放过一个"的原则，那么就会出现各种过敏性反应，严重时甚至威胁生命。因此，如何指挥或者管理这个"健康卫戍部队"显得更加重要。最新的研究成果发现，肠道中的微生物在其中可谓"出尽风头"，"小人物"有着大作为，这也为将来打造"饮食—肠道微生物—免疫系统"的调控轴提供了空间。

参考文献

［1］Ahern P P, Faith J J, Gordon J I. Mining the human gut microbiota for effector strains that shape the immune system［J］. Immunity, 2014, 40（6）: 815-823.

［2］Arrieta M C, Stiemsma L T, Dimitriu P A, et al. Early infancy microbial and metabolic alterations affect risk of childhood asthma［J］. Science Translational Medicine, 2015, 7（307）: 307ra152.

［3］Belkaid Y, Harrison O J. Homeostatic immunity and the microbiota［J］. Immunity, 2017, 46（4）: 562-576.

［4］du Teil Espina M, Gabarrini G, Harmsen, et al. Talk to your gut: the oral-gut microbiome axis and its immunomodulatory role in the etiology of rheumatoid arthritis［J］. FEMS Microbiology Reviews, 2018（9）: 1-7.

［5］Fischbach M A. Microbiome: focus on causation and mechanism［J］. Cell, 2018, 174（4）: 785-790.

［6］Furusawa Y, Obata Y, Fukuda S, et al. Commensal microbe derived butyrate induces the differentiation of colonic regulatory T cells［J］. Nature, 2013, 504（7480）: 446-450.

[7] Gopalakrishnan V, Spencer C N, Nezi L, et al. Gut microbiome modulates response to anti-PD-1 immunotherapy in melanoma patients [J]. Science, 2018, 359 (6371): 97−103.

[8] Hampton T. Gut microbes may shape response to cancer immunotherapy [J]. JAMA, 2018, 319 (5): 430−431.

[9] Hand T W, Dos Santos L M, Bouladoux N, et al. Acute gastrointestinal infection induces long-lived microbiota-specific T cell responses [J]. Science, 2012, 337 (6101): 1553−1556.

[10] Hooper L V, Littman D R, Macpherson A J. Interactions between the microbiota and the immune system [J]. Science, 2012, 336 (6086): 1268−1273.

[11] Jarchum I, Pamer E G. Regulation of innate and adaptive immunity by the commensal microbiota [J]. Current Opinion in Immunology, 2011, 23 (3): 353−360.

[12] Joossens M, Huys G, Cnockaert M, et al. Dysbiosis of the faecal microbiota in patients with Crohn's disease and their unaffected relatives [J]. Gut, 2011, 60 (5): 631−637.

[13] Lee Y K, Mazmanian S K. Has the microbiota played a critical role in the evolution of the adaptive immune system? [J]. Science, 2010, 330 (6012): 1768−1773.

[14] Mullins R J, Dear K B, Tang M L. Time trends in Australian hospital anaphylaxis admissions in 1998−1999 to 2011−2012 [J]. Allergy and Clinical Immunology, 2015, 136 (2): 367−375.

[15] Palm N W, Rosenstein R K, Medzhitov R. Allergic host defences [J]. Nature, 2012, 484 (7395): 465−472.

[16] Relman D A. The human microbiome and the future practice of medicine [J]. JAMA, 2015, 314 (11): 1127−1128.

[17] Risnes K R, Belanger K, Murk W, et al. Antibiotic exposure by 6 months and asthma and allergy at 6 years: findings in a cohort of 1401 US children [J]. Am. J. Epidemiol, 2011, 173 (3): 310−318.

[18] Rooks M G, Garrett W S. Gut microbiota, metabolites and host immunity [J]. Nature Reviews Immunology, 2016, 16 (6): 341−352.

[19] Russell S L, Gold M J, Hartmann M, et al. Early life antibiotic-driven changes in microbiota enhance susceptibility to allergic asthma [J]. EMBO, 2012, 13 (5): 440−447.

[20] Schlissel M. Immunology: B-cell development in the gut [J]. Nature, 2013, 501 (7465): 42−43.

［21］Schramm C. Bile acids, the microbiome, immunity, and liver tumors ［J］. The New England Journal of Medicine, 2018, 379（9）: 888−890.

［22］Schwartz S, Friedberg I, Ivanov I V, et al. A metagenomic study of diet-dependent interaction between gut microbiota and host in infants reveals differences in immune response ［J］. Genome Biology, 2012, 13（4）: r32.

［23］Sender R, Fuchs S, Milo R. Are we really vastly outnumbered? Revisiting the ratio of bacterial to host cells in humans ［J］. Cell, 2016, 164（3）: 337−340.

［24］Smith P M, Garrett W S. The gut microbiota and mucosal T cells ［J］. Frontiers in Microbiology, 2011, 2（5）: 111−115.

［25］Smith P M, Howitt M R, Panikov N, et al. The microbial metabolites, short chain fatty acids, regulate colonic Treg cell homeostasis ［J］. Science, 2013, 341（6145）: 569−573.

［26］Song H, Yoo Y, Hwang J, et al. *Faecalibacterium prausnitzii* subspecies-level dysbiosis in the human gut microbiome underlying atopic dermatitis ［J］. Journal of Allergy & Clinical Immunology, 2015, 137（3）: 852−860.

［27］van Nimwegen F A, Penders J, Stobberingh E E, et al. Mode and place of delivery, gastrointestinal microbiota, and their influence on asthma and atopy ［J］. J. Allergy Clin. Immunol., 2011, 128（5）: 55−58.

［28］Wang X D, Zheng M, Lou H F, et al. An increased prevalence of self-reported allergic rhinitis in major Chinese cities from 2005 to 2011 ［J］. Allergy, 2016, 71（8）: 1170−1180.

［29］Wesemann D R, Portuguese A J, Meyers R M, et al. Microbial colonization influences early B-lineage development in the gut lamina propria ［J］. Nature, 2013, 501（7465）: 112−115.

［30］Yatsunenko T, Rey F E, Manary M J, et al. Human gut microbiome viewed across age and geography ［J］. Nature, 2012, 486（7402）: 222−227.

三、肠道微生物的"小心思"

人们在面临艰难抉择的时候，往往会凭借"第六感"作出判断和决定。其中，最有名的是苏联彼得罗夫的故事。

1983年，美苏关系还处于非常紧张的状态。9月1日，苏联防空军向一架因偏离航线而误闯苏联上空的、由美国飞往韩国的民航客机发射导弹，客机当场被击落，机上200多人全部遇难。事后美国及韩国出现大规模的游行，抗议苏联击落民航客机的行径，而苏联则声称这架飞机是被美国利用，在执行间谍任务。在这次击落事件后，彼得罗夫在莫斯科郊外的洲际导弹预警中心值班时，预警系统突然显示5枚美国洲际导弹正在飞往苏联。这可给彼得罗夫出了一道难题，这道题如果选不对的话，后果不堪设想，甚至会将世界拖入一场万劫不复的核战争。面对屏幕上不断闪烁的"发射"警告，彼得罗夫作出了最后判断：这是系统误判，正是这个正确的决策避免了一场核大战。30年后彼得罗夫回忆道，当时他自己也不是十分确定这是系统误判，也是靠"直觉"作出的最终判断。

彼得罗夫的"直觉"应该就是我们所说的"第六感"，英语叫 gut feeling。也许你会说是不是翻译错了，这不是叫肠道感觉吗？在英语里 gut 除了有肠道的意思，还有直觉的意思。这并不无道理，近年来，肠道微生物的研究成果让世界各地那些一直关注思想与肠道联系的科学家们备受鼓舞。越来越多的研究表明，一个人的情绪可以影响肠道菌群的组成，反过来，某些肠道微生物也可能影响一个人的情绪状态。

▶ （一）脑子与肠子"自下而上"的对话

虽然大脑与肠道之间相距甚远，但是它们之间的交流似乎并不受物理距离的影响。比如，当胃肠道功能发生障碍时，大脑就会作出让人感觉恶心和疼痛的反应。反之亦然，当大脑受到刺激后，中枢神经会作出反应，从而影响胃肠分泌和蠕动。不知道你是不是有过这样的一种感受，当遇到伤心的事情时往往会食欲减退，看到什么都不想吃。这是因为人的胃肠功能对情绪极为敏感，忧愁、悲伤、哭泣时间过长，胃的运动就会减慢、胃液分泌减少，导致酸度下降，进而影响食欲，甚至引起胃炎或胃、十二指肠球部溃疡。当然，在这个过程中，大脑除了调控胃肠功能外，还调控肠道微生物的活动。这些可不是空穴来风，已经有很多相关的科学证据可以支持这种观点。

最近，肠道菌群–大脑轴（下面我们还是叫它"肠–脑"轴）被认为是调控应激反应双向平衡的一个重要机制，肠道菌群在应激和健康中都发挥着重要的作用。那么这个神秘的"肠–脑"轴到底包括哪些人体生理系统呢？笼统地讲，这个"肠–脑"轴主要包括中枢神经系统、内分泌–免疫系统、下丘脑–垂体–肾上腺轴（hypothalamic-pituitary-adrenal axis，以下简称 HPA 轴）、交感–副交感自主神经系统、肠神经系统和肠道菌群。可见，这个系统还是相当庞大的！

哥伦比亚大学的迈克尔·格尔森在《科学美国人》杂志上提到，控制人类以及某些哺乳动物情感的 5- 羟色胺、多巴胺以及许多让人情绪愉快的物质，95% 是在肠道里合成的。也就是说日常生活中人们所表现出来的喜、怒、哀、乐等情绪变化的物质基础都源自肠道，你说肠道重要不重要？咱们先畅想一下未来，如果肠道菌群能决定群体社交和个体情感行为的变化，那就太厉害了。这里的厉害不仅是赞叹肠道菌群的能力，更重要的是研究人员将有可能通过食物以及肠道菌群移植来改变肠道微生物的组成结构，以"肠–脑"轴来影响大脑的发育和功能，这可为治疗社交及情感相关的疾病打开一条崭新的通道（图 1-24）。

"肠–脑"轴的提出，就好比给科研人员和医疗工作者注射了一支"兴奋剂"，这个想法的理论基础已经在无菌小鼠身上得到了验证。什么是无菌小鼠？这里我们先科普一下。无菌小鼠是在无菌环境下饲养的小鼠，它们的肠道里没有细菌定植，可以说身体里非常"干净"。值得注意的是，研究人员发现这种"干净"的无菌小鼠相比于正常小鼠，好动性增加，焦虑样行为减轻。更为有趣且重要的是，"干净"的无菌小鼠在进行粪菌移植（fecal microbiota transplantation，简称FMT）后，竟表现出了与普通小鼠类似的焦虑特征。这些现象都说明了肠道微生物能够影响大脑的功能。

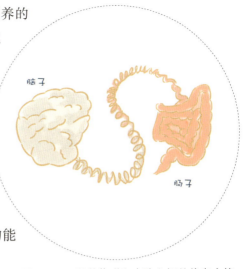

图 1-24 肠道菌群和大脑之间的信息交换

（二）焦虑情绪也许源自肠道

在一项较早的研究中，科研人员观察到"干净"的无菌小鼠似乎对束缚应激的反应增强，它们身体分泌的下丘脑应激激素 – 皮质酮浓度升高，同时脑源神经营养因子水平含量有所降低。研究人员后来又将具有多样性菌群的成年小鼠的粪便移植到无菌小鼠体内，结果观察到这种应激反应得到了一定程度的缓解，这表明菌群活化信号在大脑发育中起着非常重要的作用。而且研究发现，在解除束缚应激的情况下，不同品系的无菌小鼠（Swiss Webster、NIH Swiss 和 NMRI）的焦虑样行为有所不同，但都比正常小鼠轻，相应地表现为其探索性增强。

另外一项有趣的实验观察了不同小鼠在亮暗盒里打开十字迷宫的能力。科研人员发现，无菌小鼠愿意花费更多的时间待在亮暗盒的有光区域，而且有打开高架十字迷宫的能力。而正常小鼠则更愿意待在封闭的黑暗区域，表明无菌小鼠的焦虑行为较正常小鼠有所减轻。如果将正常小鼠肠道菌群移植到无菌小鼠体内，无菌小鼠则又恢复到普通小鼠的焦虑水平。

此外，研究人员还发现，肠道菌群对行为的影响具有品系差异性。BALB/c 和 C57BL6 无菌小鼠与其他品系（如 NIH Swiss）相比，表现得更加焦虑。同时，

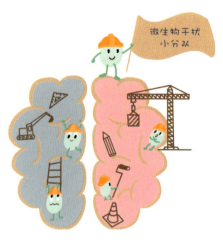

图 1-25　微生物可以干扰大脑

BALB/c 小鼠与 NIH Swiss 小鼠的肠道菌群结构存在显著差异，当将菌群在不同品种间进行交叉移植后，其相应的行为也发生了改变。这个有趣的发现表明，肠道菌群结构的差异可以引起小鼠行为的改变，粪菌移植后引起的表型改变说明焦虑可以通过调控肠道菌群来改变，而并不是原发性的。因此，将来人们就可以通过食物、益生菌或其他方法调控肠道菌群，以改变宿主的应激和焦虑行为（图 1-25）。

▶（三）微生物的"小球"如何转动社交行为的"大球"

无菌小鼠的群体社交能力明显比正常小鼠差。无菌小鼠不寻找其他同伴（无论是陌生的还是熟悉的），但肠道中有多种菌群定植的小鼠却非常乐意寻找同类伙伴，表明肠道菌群影响了小鼠的群体行为。奇怪的是，即使这种不足可以在小鼠成年后通过粪菌移植来纠正和恢复，但其所造成的社会认知缺陷（识别哪些是陌生的，哪些是熟悉的）却得不到恢复。因此，肠道微生物在人体发育和活化过程中起着不同的作用，从而最终影响其长期行为特征。黑腹果蝇在选择性伴侣时所呈现的偏好性是阐述肠道菌群调控群体行为的有趣例子。（图1-26）定植有植物乳酸杆菌的果蝇更倾向于与定植有相似细菌的果蝇交配，而不与定植其他细菌的果蝇交配。这是因为果蝇内的乳酸杆菌可以产生一些信息素前体，从而使某些信息素的含量升高。虽然这种微生物影响群体行

图 1-26　配偶选择的十字路口

为的现象还没有引起进化生物学家的重视。但是如果肠道菌群能通过调控神经功能而影响配偶的选择，那么肠道菌群在宿主进化过程中所发挥的重要作用就会具有重要的研究意义。

（四）脑子与肠子"自上而下"的对话

在实验室里，研究人员会经常配制各种细胞、细菌的培养基，其实就是准备这些细胞或细菌的食物。这些培养基的成分一般包括水、氮源、无机盐、碳源等。如果在微生物血清基础培养基中简单地加入少量去甲肾上腺素，共生菌和致病性大肠杆菌的数量会增加 1 万倍。研究发现，病原菌和共生菌均可受到神经内分泌激素的显著影响，限制性应激则会导致肠道菌群失调，增加病原菌柠檬酸杆菌的定植。

内脏功能失调引起肠道菌群结构变化的例子就是肠易激综合征，通过肠道菌群测序发现，肠易激综合征患者肠道菌群出现失调。相较于健康人，肠易激综合征患者的肠道菌群中双歧杆菌减少而肠杆菌明显增多。其他相关研究也发现，肠易激综合征患者肠道菌群发生改变，如厚壁菌门与拟杆菌门的比例增加，乳酸杆菌的比例减少。尽管各种益生菌治疗肠易激综合征的效果还不太一致，但与安慰剂相比，嗜酸乳杆菌 SDC2012 治疗 4 周改善了肠易激综合征患者症状评分，大肠杆菌 DSM17252 治疗 8 周明显减轻了肠易激综合征患者的腹痛。华威尔（Whorwell）等也报道双歧杆菌改善了 437 位肠易激综合征婴儿患者的症状。

接下来，我们探讨一下应激反应对肠道微生物的影响（图 1-27）。动物和人体实验表明，应激刺激不但会引起多种生理学反应被活化，还会影响肠道菌群结构。这些菌群结构的改变可能具有长期和短期影响。如应激活化 HPA 轴和迷走神经系统导致肠道渗透性增加，使细菌或细

图 1-27　肠子影响脑子，脑子也影响肠子

菌抗原穿过上皮屏障，从而活化黏膜免疫反应，反过来再影响菌群结构。坦诺克（Tannock）和萨维奇（Savage）发现，将小鼠放入没有垫料、没有饲料和水的笼子后，其胃肠道乳酸杆菌数量减少，但在这项实验中很难排除限食和限水的影响。为了排除限食和限水的影响，在刚出生的猴子实验中，让其自由饮食和饮水，只是每天将其与母猴分离一段时间，观察其肠道中乳酸杆菌的数量。结果表明，应激暴露明显减少了乳酸杆菌数量，而且这种明显的减少与应激诱导的行为改变相关。通常，悲痛行为最明显的猴子肠道中的乳酸杆菌含量也最低。

人的应激或沮丧可以通过"脑－肠"轴影响慢性胃肠道疾病，如炎症性肠炎和肠易激综合征。物理或情感因子相关的应激被发现会影响肠道上皮细胞的完整性和改变肠道蠕动、分泌和产生黏液素，引起"土著"细菌的菌群结构和活性的改变。另外，应激时释放的儿茶酚胺类物质进入肠道，通过干预细菌间相互的信号交流而影响菌群结构和细菌毒力基因的表达。

▶ （五）"屁股"指挥"大脑"似乎也有道理

1. 肠道微生物通过免疫系统控制大脑

前文介绍过，人体存在一套非常强大的免疫系统，它们时刻保卫着人体的健康。肠道似乎就成了各种"矛盾冲突"的交叉地带，事实也确实如此，肠道细菌的细胞壁结构成分脂多糖能够持续刺激天然免疫系统，被激活的天然免疫细胞能分泌发挥各种作用的细胞因子。这些细胞因子就会营造一个免疫活化的环境，开始时主要在肠道黏膜表面，然后慢慢影响整个身体。正常情况下，这种低水平的激活对人体是有利的，有利于人体进入正常睡眠模式，但高水平的细胞因子与睡眠紊乱相关。临床发现，通过非肠道的方式给予脂多糖，按照每千克体重 0.4 纳克的剂量，就可使人血浆中促炎细胞因子 IL-6、TNF-α 和抗炎细胞因子 IL-10、IL-1 受体拮抗物浓度增加；与此同时，唾液和血浆中皮质醇和血浆中去甲肾上腺素浓度升高。这些细胞因子和激素水平的改变伴随着抑郁情绪的出现、焦虑的增加和长期记忆力的损伤。另外，内脏对痛的敏感性的临界值也降低了，这种低剂量脂多糖刺激后会使不愉快的内脏痛加剧。

这种天然免疫系统随着时间的延长，就会触发针对特定微生物的特异性免疫应答并形成免疫记忆。已有一些证据表明，肠道微生物、获得性免疫系统和中枢神经之间存在一定的联系。（图1-28）

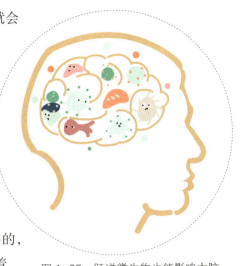

图1-28　肠道微生物也能影响大脑

在一种多发性硬发症的实验模型中，一种自身免疫抗原——髓鞘寡突胶质细胞糖蛋白只有在正常菌群出现的情况下才会出现病症。乳糜泻是一个典型的例子，尽管肠道菌群的作用机制是间接的，但菌群的改变可能在乳糜泻发病机理中起着重要的作用。乳糜泻也称为谷蛋白敏感性肠病，是一种与谷蛋白摄取有关的消化系统疾病。当乳糜泻患者摄取了含有谷蛋白的食物（如面包、面条、小麦和黑麦等）后，小肠黏膜会发生过度免疫应答反应，导致肠道黏膜损伤，进而影响患者对食物营养的吸收。除此之外，研究人员还发现，乳糜泻患者的中枢神经系统也会出现不同程度的损伤，其临床表现为共济性失调、头痛和认知障碍。研究发现，除了家族性遗传，肠道菌群也可能会通过直接或者间接的方式影响乳糜泻的发生与发展。疾病发作前，患者肠道中双歧杆菌的数量通常会显著下降，说明双歧杆菌的缺失可能会引发乳糜泻。现在，研究人员已经证实双歧杆菌可以保护人体肠道细胞免受乳糜泻炎症的侵扰。而且体外实验也发现，双歧杆菌能够增强单核细胞的抗炎能力，这样就解释了为什么抗生素的使用会增加乳糜泻发生的风险。

2. 通过生化系统控制大脑

（1）D-乳酸

D-乳酸是一种多糖，是肠道中某些细菌发酵后的代谢产物。小肠切除术后，大量多糖进入结肠，导致D-乳酸超标。其他腹部手术也可以引起血浆中D-乳酸浓度升高，结果导致肠道渗透性增加和细菌跨过肠道屏障发生易位。非手术引起的肠道渗透性增加也可以增加肠腔中D-乳酸的吸收。在慢性疲劳综合征（chronic fatigue syndrome，简称CFS）和神经认知障碍患者的粪便中可以检测出D-乳酸。由此可见，微生物产生的D-乳酸可能与慢性疲劳综合征患者的症状相关。梅斯（Maes）等发现，很多慢性疲劳综合征患者都出现肠道黏膜渗透性增加，机体对谷氨酰胺、N-乙酰半胱氨酸和锌元素的反应及日常饮食的吸收发生改变。可以通过减少肠道菌群的特异性抗体的浓度来改善肠道黏膜的渗透性，从而改善相关症状。总之，这些研究表明，在慢性疲劳综合征患者中，小肠中的细菌过度生长或肠道黏膜的渗透性增加，会导致肠道菌群的代谢产物（如D-乳酸）的吸收增加，这些代谢产物具有直接或间接的神经毒性，从而引起慢性疲劳。值得注意的是，尽管益生菌或益生元在肠道中产D-乳酸的能力非常有限，但在使用时也需要谨慎。例如，高剂量的燕麦β-葡聚糖和大麦β-葡聚糖较易促进乳酸杆菌增殖，而有的乳酸杆菌会产生D-乳酸。通常检测血液中的D-乳酸水平可以反映肠道黏膜的损害程度及相应的通透性变化。

〔2〕氨水

氨水是一种有名的神经毒性物质，是肠道细菌利用尿素酶降解尿素而产生的。肠源氨水被肝脏吸收后，在尿素循环中被人体利用。做过门体分流手术的肝硬化患者由于氨水的吸收没有经过肝代谢会导致血液中氨水浓度升高，进而增加肝性脑病的发病概率。除了直接神经毒性损伤，氨水也可以改变血脑屏障功能，阻碍大脑中5-羟色氨和多巴胺的合成，产生不正常的神经传递物质（如章鱼胺）。轻微肝性脑病在80%的肝硬化患者中经常表现出神经认知失常、轻微的智力障碍和精神活动异常，明显影响其生活质量。肝硬化患者认知障碍通常与肠道微生物组成结构变化同时存在，肝硬化伴随肝性脑病与非并发肝性脑病患者之间的肠道菌群存在差异。研究发现，肝硬化患者体内能产生尿素酶的细菌含量越高，其发生认知障碍的风险就越大。将非吸收性抗生素利福昔明和乳果糖加入传统的治疗方法中后，肝性脑病的完全好转率提高了25%，病死率下降了25.3%，这说明肠道菌群在肝性脑病治疗过程中发挥了重要作用。

〔3〕短链脂肪酸

在胃肠道内，微生物能将膳食纤维代谢成短链脂肪酸（主要是乙酸、丙酸和丁酸），为宿主提供一部分能量。当然这些细菌代谢产物还有其他生物学活性，如短链脂肪酸可以与G蛋白偶联受体（G protein coupled receptor, 以下简称GPR）结合，也具有组蛋白脱乙酰化抑制剂的功能。另外，短链脂肪酸也可以与中枢神经系统和肠神经系统中的神经元发生相互作用，从而调控心率、耗氧量和胃肠道蠕动。短链脂肪酸通过肠脑神经回路启动有益的葡萄糖代谢，是高纤维饮食有益健康的可能机制之一。最近，弗罗斯特（Frost）和他的同事们通过使用碳放射性同位素对膳食纤维进行标记，发现肠道中膳食纤维的代谢产物乙酸可以穿过血脑屏障，在下丘脑区域聚集，然后活化下丘脑神经元，进而影响调节性神经肽的表达，最终抑制食欲。

尽管有证据表明，丙酸具有抗炎效果，有些研究也推测结肠中丙酸合成增加可能对代谢失常具有治疗作用，但麦克法比（MacFabe）发现丙酸具有潜在的神经毒性，而且可能在自闭症中起一定的作用。他们发现脑室内丙酸暴露对实验动物大脑的病理性损伤与自闭症小孩和成人的大脑异常类似。丙酸也可以通过活化过氧化物酶体增殖物激活受体γ，而抑制核因子κB（nuclear factor κB，以下简称NF-κB）活性和提高胰岛素敏感性。

丁酸具有直接抗炎效果和抑制 NF-κB 活化的作用。另外，短链脂肪酸影响至少 2 个系统的分子信号通路，包括组蛋白脱乙酰化和 GPR，从而对全身具有广泛调控作用。短链脂肪酸是组蛋白脱乙酰化酶的抑制剂和 GPR 体的激活剂。可以不改变 DNA 的组成结构，直接通过表观遗传对 DNA 的组蛋白进行乙酰化或去乙酰化修饰来调控一个基因是否表达。已有研究表明，由组蛋白脱乙酰酶的过量表达而引起的乙酰化失衡，与帕金森病、焦虑症和精神分裂症的发生相关。在癌症和大量中枢神经系统疾病（包括脑外伤、痴呆和自身免疫性脑炎）的动物模型中发现，抑制组蛋白脱乙酰酶具有益生作用。组蛋白脱乙酰抑制剂已被认为具有改善认知障碍的功能。

▶（六）神经内分泌失调也与肠道微生物相关

细菌可以合成激素和神经传导物质，如乳酸杆菌能产生乙酰胆碱和 γ- 氨基丁酸，双歧杆菌能产生 γ- 氨基丁酸，大肠杆菌能产生去甲肾上腺素、5- 羟色胺和多巴胺，链球菌和肠球菌能产生 5- 羟色胺，芽孢杆菌能产生去甲肾上腺素和多巴胺。

1. 5- 羟色胺
5- 羟色胺可以调控多个生物学过程，包括呼吸、胃肠分泌和蠕动、心血管反应、行为和神经功能。5- 羟色胺表达的改变与神经传递和多种精神失常疾病的发病相关，最典型的例子就是抑郁症。虽然大约 95% 的 5- 羟色胺存在于胃肠道中，其中，90% 在肠上皮嗜铬细胞中，10% 在肠神经系统中，但是大脑中 5- 羟色胺的合成大部分不依赖于胃肠道。最近有研究揭示了 5- 羟色胺的产生依赖于微生物与宿主相互作用，肠道中细菌形成孢子时所分泌的代谢产物（如短链脂肪酸）会刺激上皮细胞合成 5- 羟色胺。肠道微生物能够刺激肠道上皮细胞大量合成色氨酸羟化酶，从而促进由色氨酸合成 5- 羟色胺反应的发生。肠道中的大部分色氨酸并不是用来合成 5- 羟色胺的，而是通过犬尿氨酸途径进行代谢。犬尿氨酸和色氨酸比例的改变与抑郁症和焦虑症的发病相关。肠道菌群可以通过产生反应氧来抑制犬尿氨酸代谢，从而直接调控这个比例，或通过调控与犬尿氨酸代谢相关的促炎细胞因子间接地调控这个比例。无菌小鼠中色氨酸和 5- 羟色胺的表达量明显不一样，也说明肠道微生物参与色氨酸代谢和 5- 羟色胺信号通路的调控。

2. γ- 氨基丁酸信号通路

γ- 氨基丁酸是中枢神经系统中主要的神经递质抑制剂，与脑源性神经营养因子类似，γ- 氨基丁酸的缺失与焦虑症、抑郁症和阿尔茨海默病的发病相关。在大脑中，通过谷氨酰胺 – 谷氨酸盐 –γ- 氨基丁酸循环生物合成 γ- 氨基丁酸。有趣的是，在肠神经系统和胃肠道中也发现了 γ- 氨基丁酸。巴雷特（Barrett）等发现，从人肠道中分离获得的乳酸杆菌和双歧杆菌，生长在含有谷氨酸盐的培养基时，可以合成 γ- 氨基丁酸。无菌小鼠结肠中的 γ- 氨基丁酸水平低时，体内肠道菌群能产生 γ- 氨基丁酸。然而还没有研究表明肠道合成的 γ- 氨基丁酸可以进入大脑，所以肠道中的 γ- 氨基丁酸对中枢神经系统的调控作用可能通过调控肠道神经系统和活化迷走神经来实现（图 1-29）。

▶ （七）肠道菌群失调可以让精神失常

1. 神经发育失常

研究表明，早期的肠道障碍可能与儿童自闭症的发生相关。各种各样的神经发育失常如注意缺陷障碍和自闭症，均表现出群体活动、社交或强迫活动障碍。不正常的 HPA 反应、肠道菌群和代谢谱的改变与这些神经发育失常的产生相关。

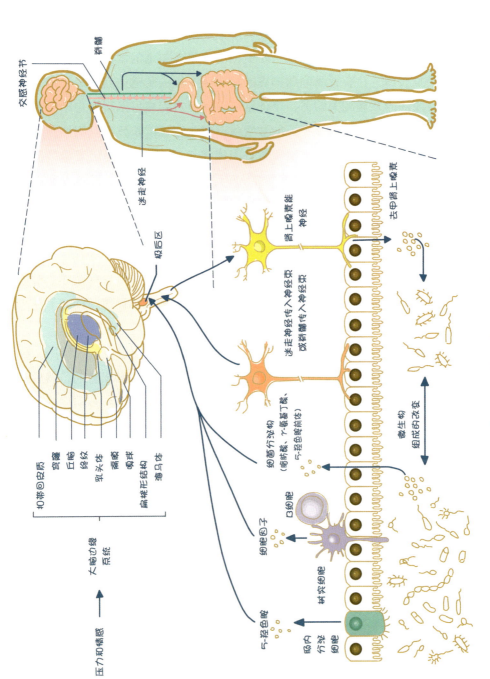

图 1-29 "肠-脑" 轴的作用机制

有研究发现，与年龄相当的健康对照组相比，自闭症儿童的氨基酸代谢发生改变、氧化应激增加。很大一部分有胃肠不适病史的自闭症儿童的肠道菌群结构也发生了改变，通常自闭症儿童肠道内变形菌和拟杆菌的含量增加，而厚壁菌和双歧杆菌的数量则减少。有趣的是，厚壁菌门由很多类别的细菌组成，其中比较特别的一类是梭菌，在有胃肠问题病史的自闭症儿童的肠道中其含量升高。梭菌的含量与自闭症的发病相关的另一个证据是口服万古霉素可以缓解自闭症儿童失常症状。虽然万古霉素在肠道中不能被吸收，但是它可以杀死革兰阳性菌，如梭菌。当停止药物治疗时，患者又出现了自闭症症状，这有可能是由于梭菌孢子具有温度、pH 值和抗生素抗性，也有可能是因为孢子的形成促使了肠道黏膜层中产内毒素的细菌过度繁殖。实际上，根据现有理论可知，肠瘘患者病原菌数量增多，产生的神经毒素和内毒素损伤了肠道屏障，从而导致细菌的暴露。细菌侵入这种本来无菌的环境会引起免疫细菌的活化和渗入，促炎细胞因子如 TNF-α 和 IL-1β 的上调，炎症反应会进一步增加肠道屏障的渗透性，加剧炎症循环。桑德勒（Sandler）等推测在一部分儿童中，由于内源肠道菌群的破坏促使一种或多种产神经毒素细菌定植，然后在诱导自闭症的发生过程中发挥作用。

除了自闭症，肠道菌群在多动症和精神分裂症等疾病中也能发挥作用。在一项研究中，让婴儿在刚出生的 6 个月内口服鼠李糖乳杆菌 GG 和安慰剂，然后对其肠道菌群的变化跟踪研究 13 年。研究发现，低数量的双歧杆菌与多动症或艾斯伯格症候群的发生具有一定的相关性。

2. 神经退行性病变

肠道菌群在慢性神经退化失常疾病如阿尔茨海默病和帕金森病中的作用开始显现。帕金森病一般在被发现之前好几年就开始有胃肠功能障碍。布拉克（Braak）和他的同事们推测该疾病起始于肠道，然后通过"肠-脑"轴（如迷走神经和脊髓）从肠道扩展到大脑。路易小体是帕金森病的标志物，早期帕金森病死亡患者肠神经系统中可以检测到路易小体。随着帕金森病病情的发展，路易小体开始在脊髓、额叶前皮质出现，甚至在死亡患者的中脑区域也能被检测到。最近研究表明，注射到大鼠肠壁的 α- 突触核蛋白可以通过迷走神经以 5 ~ 10 毫米/天的速度移动到脑干。帕金森病患者在肠道中有低度的炎症反应，实际上与健康的对照组相比，患者活检标本中促炎细胞因子的表达水平升高，这种慢性低度炎症可能是血脑屏障渗漏、免疫细胞活化渗透和最终中枢神经炎症的引发因素。研究者们正在对帕金森病患者中肠道菌群所扮演的角色进行研究。在一项研究中，研究人员采集了帕金森病患者和年龄相同的健康志愿者的粪便菌群，测序结果表明，帕金森病患者中肠杆菌的数量增多而普雷沃氏菌的数量减少。已有研究表明，普雷沃氏菌可以降解复杂糖类，产生短链脂肪酸、维生素 B_1、叶酸等，从而为人体提供一个健康的肠道环境。普雷沃氏菌的减少可能会导致人体内重要的微量营养物质的合成减少。除非通过饮食外源补充这些营养物质，否则维生素 B_1 和叶酸的减少可能会导致必需维生素的产量降低，从而有损肠道激素的分泌。遗憾的是，该研究并没有对帕金森病患者是否具有胃肠紊乱和严重炎症反应病史进行评估。无论如何，这些结果表明，肠道菌群可以通过"肠－脑"轴以直接或间接的方式作用于中枢神经来促进疾病的发生。

▶ （八）饮食可以成为改善大脑健康的一根救命稻草

1. 食物对"肠－脑"轴的遥控

饮食对肠道菌群的影响已有大量的研究，但关于饮食通过影响肠道菌群来影响大脑的研究还非常少。在一个案例报道中，限制单糖和蔗糖的摄取会导致短肠综合征患者肠道中 D- 乳酸产量降低，从而预防神经毒素的出现。饮食成分引起的炎症信号可能与中枢神经系统炎症性疾病的出现相关，如多发性硬化症。日常生活中的很多食物及其成分都能够诱导人体发生炎症反应，例如，红肉、鸡蛋、多聚不饱和脂肪酸、长链不饱和脂肪酸以及食盐等。高脂饮食促进肠道炎症反应，进而促进中性粒细胞和巨噬细胞渗入。食盐诱导的 Th17 细胞的活性增加与中枢神经系统的炎性脱髓鞘的发生直接相关（图 1–30）。

当然，有些好的饮食也可能具有改善疾病的作用。特定的饮食成分，如鱼、坚果和种子中含有的 ω-3 长链不饱和脂肪酸对脑的早期发育具有促进作用，ω-3 长链不饱和脂肪酸对大鼠缺血性脑损伤具有显著的保护作用。其他饮食因子可以通过被特异受体（如芳香碳氢化合物受体）识别来影响抗炎反应。芳香碳氢化合物受体与配体间的相互作用可以诱导核转运，从而影响与抗炎相关细胞因子（如 IL-22）的产生，西蓝花和卷心菜是蔬菜中具有此类功能的 2 个例子。与 ω-6 长链不饱和脂肪酸不同，ω-3 长链不饱和脂肪酸可通过与 GPR120 的结合来促进抗炎反应。这是因为 GPR120 也可以与短链脂肪酸（如丁酸、乙酸和丙酸）结合从而起到抗炎作用。在日常饮食中，可选择从鱼、核桃、西蓝花和绿色大豆中摄取 ω-3 长链不饱和脂肪酸。

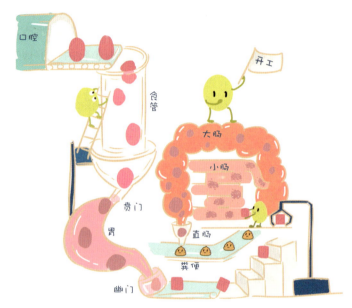

图 1-30　食物对"肠-脑"轴的遥控

2. 益生菌对"肠-脑"轴的调控

鼠李糖乳杆菌 JB-1 饲喂小鼠 28 天后发现，小鼠在高架十字迷宫和旷场实验中焦虑样行为减少。另外，鼠李糖乳杆菌防焦虑行为在迷走神经切断后作用减弱，说明微生物信号可以直接作用于迷走神经从而引起中枢神经系统行为的改变。长双歧杆菌 1714 和短双歧杆菌 1205 减轻焦虑样行为的功效与抗抑郁药依他普仑类似。其他研究表明，复合益生菌瑞士乳杆菌 R0052 和长双歧杆菌 R0175 治疗 30 天有助于电击模型中焦虑的减轻，这表明肠道菌群可以影响焦虑样行为。类似的研究表明，婴儿双歧杆菌可以减少母婴分离应激模型中的抑郁样行为。在强迫游泳试验中，婴儿双歧杆菌具有与抗抑郁药西酞普兰类似的效果。这些研究表明，益生菌可能对行为有强烈的影响，有治疗作用的潜能。

自闭症具有复杂的神经发育障碍，表现为反复和刻板行为、交际和社会活动能力缺陷。有趣的是，自闭症儿童经常表现出肠胃不适，包括便秘、肠道渗透性增加和肠道菌群结构改变等。使用单一微生物脆弱拟杆菌进行治疗后，其肠道渗透性缺陷得到恢复，一些行为症状如刻板、交流缺陷和焦虑等得到缓解。值得注意的是，与自闭症症状相关的血清代谢物水平恢复到了正常水平，但这种单一微生物治疗只恢复了一小部分特定的肠道菌群结构，并没有恢复整个肠道的菌群结构。尽管脆弱拟杆菌具有促进免疫系统发育和影响其功能的作用，但脆弱拟杆菌在自闭症动物模型中对免疫屏障并没有修复作用。

益生菌可以改变肠道菌群的组成模式，从而影响人体的疼痛反应。无菌小鼠在植入细菌后，导致慢波频率升高，进而影响肌电活性。细菌来源内毒素（如脂多糖）可以通过活化肠神经系统来改变肠道蠕动性。细菌来源多肽（如甲酰－甲硫氨酰－亮氨酰－苯丙氨酸）可以刺激初级传感神经。有些细菌来源的产物可直接作用于肠道神经，但它们必须借助与上皮细胞的相互作用才能发挥活性作用。研究发现，脆弱拟杆菌及其代谢产物可以通过上皮产生的信号间接与局部神经元交流。

最近，坎南帕利（Kannampali）和他的同事们使用大鼠慢性内脏高敏模型来研究益生菌和益生元的作用。在这个模型中，新生儿的结肠中引入酵母细胞壁多糖后，产生了短期的炎症反应和长期的结肠高敏反应。这些研究者还报道了鼠李糖乳杆菌 ATCC53103 缓解了这种由早期暴露痛反应而引起的慢性内脏高敏感性。益生元复合物（低聚半乳糖和聚葡萄糖）也表现出了明显的止痛效果，但比鼠李糖乳杆菌稍逊一筹。而且发现鼠李糖乳杆菌改变了脑神经递质（如 5-羟色胺、去甲肾上腺素和多巴胺）的水平，而这些与痛调控相关。用活的或灭活的罗伊氏乳杆菌可以预防结直肠扩张所引起的痛反应。

3. 益生菌影响应激和情感反应

鉴于肠道菌群可以改变动物的应激反应，国际学术界已经开始研究益生菌对人的感情和应激反应的影响。其中一项是来自法国科研团队的双盲随机平行试验，该项试验被引用的次数最多，这项研究主要是评价复合益生菌（瑞士乳杆菌 R0052）和长双歧杆菌 R0175 的健康功效。使用贺普金斯症状检核表、医院焦虑抑郁量表、感知应力量表、应对核对表和 24 h 尿游离皮质醇实验对试验效果进行评价。结果表明，复合益生菌使总体严重程度和焦虑明显减轻，躯体化症状、抑郁、愤怒、敌意评分明显降低，解决问题能力明显增强，24 h 尿游离皮质醇明显减少。当给实验性心肌梗死大鼠饲喂这一复合益生菌后，其肠道渗透性程度降低，应激诱导的大脑凋亡减轻。

现在大部分研究使用的是动物模型，关于肠道菌群是否也可以调控人的神经功能的相关研究还正在开展。最近一项工作对服用发酵益生菌酸奶（动物双歧杆菌、链球菌、嗜热链球菌、保加利亚乳杆菌和乳酸乳球菌）后，是否会影响人体大脑对情绪刺激的反应进行了研究。有趣的是，在人和小鼠实验中发现，发酵乳制品中益生菌的添加并没有改变他们的肠道菌群结构，但其菌群转录水平和代谢活性发生了变化。因此，行为和神经功能的改变可能不是某一种特定微生物的直接功能，而是肠道中大量共生菌的广谱功能。未来的研究将会聚焦如何在不影响肠道菌群整体组成结构的前提下，某一种特定微生物是通过何种途径参与机体行为和神经传导的调控。这些研究成果可为将来研发调节行为或精神失常的药物（食物）奠定理论基础。

本章小结

尽管已有大量研究表明，饮食可以通过"肠道菌群-肠道-大脑"轴影响大脑活性和人类健康，但饮食因子和益生菌/元等对大脑健康的调控机制仍有待进一步研究。进一步研究饮食与肠道菌群的相互作用，将在调控大脑活性和促进人类健康方面发挥重要作用。

参考文献

［1］Bercik P, Denou E, Collins J, et al. The intestinal microbiota affect central levels of brain-derived neurotropic factor and behavior in mice ［J］. Gastroenterology, 2011, 141（2）: 599-609.

［2］Berer K, Mues M, Koutrolos M, et al. Commensal microbiota and myelin autoantigen cooperate to trigger autoimmune demyelination ［J］. Nature, 2011, 479（7374）: 538-541.

［3］Bonaz B L, Bernstein C N. Brain-gut interactions in inflammatory bowel disease ［J］. Gastroenterology, 2013, 144（1）: 36-49.

［4］Chichlowski M, Rudolph C. Visceral pain and gastrointestinal microbiome ［J］. Journal of Neurogastroenterology and Motility, 2015, 21（2）: 172-181.

[5] Collins S M, Surette M, Bercik P. The interplay between the intestinal microbiota and the brain [J]. Nature Reviews Microbiology, 2012, 10 (11): 735−742.

[6] Cryan J F, Dinan T G. Mind-altering microorganisms: the impact of the gut microbiota on brain and behaviour [J]. Nature Reviews, 2012, 13 (10): 701−712.

[7] Desbonnet L, Clarke G, Shanahan F, et al. Microbiota is essential for social development in the mouse [J]. Molecular Psychiatry, 2014, 19 (2): 146−148.

[8] De Vadder F, Kovatcheva-Datchary P, Goncalves D, et al. Microbiota-generated metabolites promote metabolic benefits via gut-brain neural circuits [J]. Cell, 2014, 156 (1−2): 84−96.

[9] Frost G, Sleeth M L, Sahuri-Arisoylu M, et al. The short-chain fatty acid acetate reduces appetite via a central homeostatic mechanism [J]. Nature Communications, 2014, (5): 3611−3616.

[10] Graff J, Tsai L H. The potential of HDAC inhibitors as cognitive enhancers [J]. Annual Review of Pharmacology and Toxicology, 2013, (53): 311−330.

[11] Hornig M. The role of microbes and autoimmunity in the pathogenesis of neuropsychiatric illness [J]. Current Opinion in Rheumatology, 2013, 25 (4): 488−795.

[12] Hsiao E Y, McBride S W, Hsien S, et al. Microbiota modulate behavioral and physiological abnormalities associated with neurodevelopmental disorders [J]. Cell, 2013, 155 (7): 1451−1463.

[13] Kleinewietfeld M, Manzel A, Titze J, et al. Sodium chloride drives autoimmune disease by the induction of pathogenic Th17 cells [J]. Nature, 2013, 496 (7446): 518−522.

[14] Li Y, Innocentin S, Withers D R, et al. Exogenous stimuli maintain intraepithelial lymphocytes via aryl hydrocarbon receptor activation [J]. Cell, 2011, 147 (3): 629−640.

[15] Lu B, Nagappan G, Guan X, et al. BDNF-based synaptic repair as a disease-modifying strategy for neurodegenerative diseases [J]. Nature Reviews Neuroscience, 2013, 14 (6): 401−416.

[16] Lyte M, Vulchanova L, Brown D R. Stress at the intestinal surface: catecholamines and mucosa-bacteria interactions [J]. Cell and Tissue Research, 2011, 343 (1): 23−32.

[17] Mayer E A, Tillisch K, Gupta A. Gut brain axis and the microbiota [J]. The Journal of Clinical Investigation, 2015, 125 (3): 926−938.

[18] Oh D Y, Talukdar S, Bae E J, et al. GPR120 is an ω-3 fatty acid receptor mediating potent anti-inflammatory and insulin-sensitizing effects [J]. Cell, 2010, 142 (5): 687−698.

[19] Olivares M, Neef A, Castillejo G, et al. The HLA-DQ2 genotype selects for early

intestinal microbiota composition in infants at high risk of developing coeliac disease [J].
Gut, 2015, 64（3）: 406−417.

[20] Puertollano E, Kolida S, Yaqoob P. Biological significance of short-chain fatty acid metabolism by the intestinal microbiome [J]. Current Opinion in Clinical Nutrition and Metabolic Care, 2014, 17（2）: 139−144.

[21] Rajilic-Stojanovic M, Biagi E, Heilig H G, et al. Global and deep molecular analysis of microbiota signatures in fecal samples from patients with irritable bowel syndrome [J]. Gastroenterology, 2011, 141（5）: 1792−1801.

[22] Reigstad C S, Salmonson C E, Rainey J F, et al. Gut microbes promote colonic serotonin production through an effect of short-chain fatty acids on enterochromaffin cells [J]. FASEB J., 2015, 29（4）: 1395−1403.

[23] Schwarcz R, Bruno J P, Muchowski P J, et al. Kynurenines in the mammalian brain: when physiology meets pathology [J]. Nature Reviews Neuroscience, 2012, 13（7）: 465−477.

[24] Sharma B C, Sharma P, Lunia M K, et al. A randomized, double-blind, controlled trial comparing rifaximin plus lactulose with lactulose alone in treatment of overt hepatic encephalopathy [J]. The American Journal of Gastroenterology, 2013, 108（9）: 1458−1463.

[25] Stefka A T, Feehley T, Tripathi P, et al. Commensal bacteria protect against food allergen sensitization [J]. Proceedings of the National Academy of Sciences of the United States of America, 2014, 111（36）: 13145−13150.

[26] Stilling R M, Dinan T G, Cryan J F. Microbial genes, brain & behaviour-epigenetic regulation of the gut-brain axis [J]. Genes, Brain, and Behavior, 2014, 13（1）: 69−86.

[27] Tilg H, Moschen A R. Food, immunity, and the microbiome [J]. Gastroenterology, 2015, 148（6）: 1107−1119.

[28] Tillisch K, Labus J, Kilpatrick L, et al. Consumption of fermented milk product with probiotic modulates brain activity [J]. Gastroenterology, 2013, 144（7）: 1394−1401.

[29] Yano J M, Yu K, Donaldson G P, et al. Indigenous bacteria from the gut microbiota regulate host serotonin biosynthesis [J]. Cell, 2015, 161（2）: 264−276.

[30] Zhao Y, Qin G, Sun Z, et al. Effects of soybean agglutinin on intestinal barrier permeability and tight junction protein expression in weaned piglets [J]. International Journal of Molecular Sciencs, 2011, 12（12）: 8502−8512.

第二部分 健康篇

一、肠道微生物——健康的"晴雨表"

　　如果将人体比作一个城市，那么我们的肠道就是这个城市中的"加油站""健身房"和"排污站"。也许你比较熟悉的是"排污站"，毕竟吃进去的食物经消化、吸收后，剩下的残渣都要通过肠道排出体外。其实，这仅仅是肠道的"副业"而已，肠道的功能可不止这些。最近的研究发现，它们还有一个特别的身份，那就是人体的"第二大脑"，也就是说肠道可以直接对人体发号施令或左右大脑的判断，厉不厉害！重要不重要！

　　你可别小看肠道，它与你的健康可谓息息相关，肠道不开心，你也高兴不起来。其实这一点，希波克拉底早就预言了，他曾经说过一句很有名的话："一切疾病源于肠道。"这一句话，看似简单，但是为了证明这句话的真实性，可把科学家们给忙坏了。人类通过2000多年不断地深入研究，直到现在才慢慢地证实了这一点。从现在的科学观点来看，肠道并不是一个孤立的身体器官，它和人体的免疫系统、神经系统、循环系统、内分泌系统，甚至精神情感都息息相关。一旦它出现了问题，身体就会像被推倒的多米诺骨牌那样，一系列的疾病接踵而至。

（一）不要认为肠道只是个消化器官

认识肠道，就需要先从希波克拉底谈起。他是现代医学的先驱，早在公元前300多年就已经预言过"一切疾病源于肠道"，并强调"死亡开始于肠道"，而且认为"消化不良是所有不适的根源"。这种观点能够在他那个时代提出，可见希波克拉底的伟大。直到今天，人类通过2000多年的实践与研究，才终于慢慢地证实了这一点。说到这里，你也许会发现一个问题，为什么经历了2000多年，人们才证实了肠道与身体其他疾病的发生是相关的呢？这就不得不说一下我们的肠道和肠道里面与人类共生的微生物家族了。

如果你能找到一本解剖学画册来观察一下腹腔，就会发现我们的腹腔基本被肠道所占据。接下来问题来了，你知道一个正常成人的小肠有多长吗？如果将小肠展开，它的长度为4 ~ 6米，惊到了吗？如果没有的话，咱们再看看小肠的表面积，小肠通过环状襞、微绒毛与肠绒毛结构使其内表面积得到了极大的扩增。有人曾计算过，把小肠内壁拉平，其面积约为一个网球场那么大（约200平方米），这下被我们小肠的实力折服了吧。其实，如此巨大的面积是为了最大限度地吸收、利用食物里的营养物质，这应该也可以算得上是我们身体里节约、利用有限资源的典范吧。在生物学中，有一个非常流行的说法："结构决定功能。"小肠拥有如此大的表面积，使它们的工作效率奇高，将吃进去的食物在1 ~ 2 h代谢完毕并将废弃物排向大肠（图2-1）。

大肠接过"接力棒"，继续从已经被小肠吸收完的食物残渣中寻找可以为人体所利用的水分、维生素和无机盐。相较于小肠，成年人的大肠全长约1.5米，肠内壁相对光滑，有利于将小肠消化、吸收后的废弃物畅快无阻地排出。看似大肠只是食物残渣排出体内前的一道环节，但它却是人体中含有微生物数量和种类最多的器官，内容物中约1/3是微生物。所以，我们的身体看似平常，

图 2-1 消化道各段的菌群

却处处蕴含惊喜。

　　肠道中的微生物与人体构成了一个巨大而又复杂的微生态系统——肠道微生态系统。在这个微生态系统中，微生物不断地从食物成分中汲取自身繁殖所需的营养成分，同时它们还可以分泌一些可以被人体所利用的必需营养物质。此外，这些微生物的代谢产物还参与调控人体其他的生理代谢活动。

　　然而，如何研究这些微生物？用什么方法进行研究？直到今天，都是科研人员面临的巨大挑战。因为99%以上的肠道细菌是无法在实验室中培养的，而且大部分细菌甚至连"户口"和"身份证"都没有，属于"未知菌"。所以这个技术难题，一直困扰着科研人员。直到最近几年，随着DNA测序技术的发展，二代测序以及大数据等技术的广泛应用，人们才算真正开始了解这些神秘的群体。即便如此，全世界的科研人员对肠道微生物的了解还只是冰山一角，人体肠道内的细菌都有谁、它们的"人口比例"如何、它们之间如何分工协作……这些都需要科研人员的不断探索。但是通过对肠道微生物基因组的研究，结合现有的高通量测序技术，科研人员还是或多或少地发现了这些微生物和疾病的关系（图2-2）。

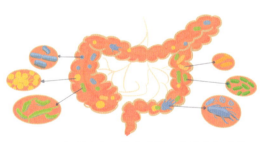

图2-2　肠道中寄居着种类繁多的微生物群落

▶ （二）致命入侵

　　肠道与疾病这两个标签，相信大部分人首先想到的应该是拉肚子和大肠杆菌吧。那我们就从这两个关键词说起，大肠杆菌的学名其实叫大肠埃希氏菌，可谓是肠道内的"常驻民"，按照组成的数量来说，它们又算是"少数民族"。在正常情况下，它们与我们还是可以和睦共处的，不但不会造成疾病，还参与了人体必需维生素的合成，与人体是互利共生的关系。可是，在人体免疫力下降、肠道又受到某些外界刺激等情况下，大肠杆菌就开始"失控"了。例如，跑到阑尾里，造成阑尾感染引发阑尾炎，伴随着腹泻、呕吐等胃肠道反应；又如，大肠杆菌的持续性感染会导致出现全身性的症状，如体温升高、白细胞升高等免疫反应，更严重的甚至会危及生命（图 2-3）。

图 2-3　大肠杆菌开始"失控"了

对于某些特殊的非"常驻民"的致病性大肠杆菌，其致病力更加可怕。最臭名昭著的就是肠出血性大肠埃希氏菌 O157。2011 年的夏天，在德国就暴发了一次肠出血性腹泻并导致欧洲上千人感染，几十人死亡，一时间新鲜蔬菜特别是黄瓜滞销。这场灾难的罪魁祸首就是肠出血性大肠埃希氏菌 O157。当它随食物进入人体后，由于其"披着"一层抗酸蛋白的"斗篷"，可以躲避胃酸的降解而顺利到达大肠，然后借助自身菌毛的固定作用锚定在肠壁上并不断将呕吐毒素释放出来。这种毒素可以进入人体细胞，抑制蛋白质合成，引起肠道黏膜细胞受损、肠壁水肿、出血、溃疡，造成肠出血性腹泻。正是出血使肠道内容物——肠道菌群悄悄潜入血液系统，肠出血性大肠埃希氏菌 O157 也借此机会进入血液，造成菌血症，并随着血液循环，进入身体其他器官并不断地释放毒素，造成身体多器官感染，甚至影响神经系统，造成神经病变，出现惊厥、心动过缓等症状。

可怕吧！我们肉眼根本看不到的一群"小恶魔"附着在食物上，趁机溜进我们的身体里，顺利躲过胃酸消化进入肠道，就把我们折腾成这样。需要注意的是，这仅仅是一个急性病变的例子，肠道微生态的改变多数是悄无声息的，对人体的伤害像多米诺骨牌倒塌那样向前推进！

▶ （三）细菌少了是一种悲哀

还是说腹泻，不过是长期的慢性腹泻，这比急性腹泻更为复杂。导致慢性腹泻的"犯罪团伙"比较多，一般来说有 4 个"带头大哥"，它们分别是病原菌感染、非感染性炎症、肿瘤及小肠吸收不良。第一个"带头大哥"的"犯罪细节"已经被调查清楚，即外源性致病菌入侵肠道，导致微生态改变引发腹泻（图 2-4）；其他

图 2-4　致病菌导致腹泻

三个的"犯罪细节"仍然在"审理"之中。根据现有的证据，科学家暂时还无法解释是肠道微生态的改变而导致宿主炎症，还是宿主首先发生炎症性病变继而导致菌群改变，从而引发腹泻。

但是，无论是"鸡生蛋"还是"蛋生鸡"，结果都是一样的。科学家们利用分子生物学、基因组学、生物信息学的研究方法，通过对比慢性腹泻患者和正常人群粪便中微生物的组成发现，无论慢性腹泻患者的病因是什么，两组人群的肠道微生态都存在显著性差异。这里强调的显著差异，不单单指有无某些菌群，还包括菌群的丰度（richness，指目标菌群占总体菌群的比例）。简言之，就是"有没有""有多少"的问题。

我们先来说个极端的例子吧！实验室存在这样一群动物，它们非常干净，干净程度超乎你的想象，由于它们的肠道内没有细菌存在，所以饲养这群动物的条件非常高（非常洁净）。研究发现，由于体内缺乏微生物存在，这类动物通常发育迟缓、体型较同类正常动物瘦小。造成这种状况的外在原因是它们无法有效消化吸收食物中的营养物质，从而导致代谢异常。剖析其内在原因，主要是肠道内没有微生物的定植，也就是没有所谓的肠道微生态，肠道内只有食物残渣，仅依靠动物自身分泌的酶进行代谢。

如前所述，人体对食物的消化吸收是在微生物的帮助下完成的。这些无菌动物由于没有肠道菌群，菌群与宿主的互动就无从谈起。它们的肠道由于缺少微生物相关的刺激而异常肥厚，肠壁表层细胞异常增生，使肠绒毛不再纤细，从而降低了肠道内腔表面积，减少了与食物的接触面，食物的吸收效率再次被削减。肠绒毛的肥大造成肠壁细胞周期变长、再生能力降低，肠壁修复能力下降、细胞老化，食物的吸收进一步降低，由此周而复始地恶性循环下去。在正常动物体内，食物在进入消化系统后，可以刺激机体分泌胆汁；胆汁可以刺激肠道蠕动，提高食物的吸收效率，调节排泄物的排出速度。但是由于无菌动物肠道壁的增生，肠蠕动变慢，无法刺激胆汁有效分泌，造成胆汁积聚，同时影响甾醇的代谢，导致内脏脂肪增加，引发一系列的相关病变（如脂肪肝）。

　　说到这里，不得不介绍一下什么是胆汁。胆汁是一种消化液，有乳化脂肪的作用，但不含消化酶，对脂肪的消化和吸收具有重要作用。虽然胆汁成分复杂，但是只有胆汁酸（bile acid）参与消化吸收，胆汁的生理作用也是依赖胆汁酸实现的，胆汁酸是体内胆固醇代谢的最终产物。在正常情况下，初级胆汁酸随胆汁流入肠道，在促进脂类消化吸收的同时，受到肠道（小肠下端及大肠）内细菌作用而转变成次级胆汁酸。肠内的胆汁酸约有95%被肠壁重吸收（包括主动重吸收和被动重吸收），重吸收的胆汁酸经门静脉重回肝脏，经肝细胞处理后，与新合成的结合胆汁酸一道再经胆道排入肠道，完成一次肝肠循环。通常胆汁酸在肝脏合成后，在肝肠中每天循环多次。打个比方，肝肠循环就像是生物圈中的水循环，胆汁就像是雨水，从天而降流入土壤和水系中，再通过蒸发凝结成云，再次降雨，形成周而复始的循环。如果胆汁分泌异常，就好像河流被堵住，上游已经水满为患了，随时会决堤，下流却草木枯竭、土地干涸。

　　接下来，让我们来整理一下重点。肠道微生态的改变，导致肠道黏膜受损、通透性改变，进而导致胆汁无法顺利进入肠腔协助脂类的代谢，而积聚在胆囊或胆道内造成梗阻，其他表现为肝胆淤积、高胆汁酸血症、机体免疫功能下降、肾功能障碍和急性肺损伤等。下游肠道内，由于缺少胆汁，胆汁中的其他成分特别是具有抑制条件致病菌的sIgA无法进入肠腔，导致菌群失调加剧，微生物产生的有毒代谢物增加，肠壁的屏障作用丧失，造成机体多脏器损伤。看来对于胆囊摘除的患者，由于没有胆汁储藏器官，不能随时调用胆汁，真的是"没胆儿"大快朵颐了！

　　说得有点远了，让我们再回到无菌动物上来吧，你肯定会觉得人不可能无菌，不会出现这类情况。但是你肯定听说过由抗生素的滥用而导致的菌群失调吧（图2-5）！其主要原因就是抗生素特别是广谱抗生素的使用，在把病原菌杀死的同时将部分正常定植在肠道里的菌群也杀死或抑制其生长，导致肠道微生态失调，患者通常会出现慢性肠炎，即出现腹泻、腹痛等症状。在炎症状态下，肠道会出现水肿现

图2-5　滥用抗生素导致产生超级耐药细菌

象，肠道免疫系统通过释放免疫因子来启动细胞的修复功能以缓解炎症。但是由于肠道菌群失调，肠道黏膜被一群"外来人口"包围，宿主机体的免疫调控对它们失去作用，或不足以调节这种失衡的状况，导致炎症不断继续。这种状况就类似于外来物种入侵，入侵生物在这个"新"环境中没有天敌，生长繁殖不受制约，干扰正常物种的数量和多样性，对生态系统造成毁灭性的灾难。在肠道中，伴随着炎症的升级，肠道黏膜由于水肿而变得脆弱，极易引发肠出血及溃疡，甚至是肠穿孔。这时候，机体的免疫系统已无法控制已经失调的肠道微生态了，有可能引发息肉、肿瘤等病变。

▶ （四）便秘的秘密

前面说的是腹泻及相关疾病，接下来我们的多米诺骨牌就要分到与腹泻相对立的另一个"岔路"了——便秘（图2-6）。和腹泻一样，造成便秘的原因也是纷繁复杂。在饮食结构变化、生活节奏加快、社会心理因素改变等多重因素的影响下，便秘的患病率逐年上升。通常我们中国会将便秘，特别是偶发性便秘简单称为"上火"或"积食"，这只是表面现象。而其发病原因包括器质性的和功能性的病变，无论是哪种病因，患者均存在肠道微生态失调的问题。

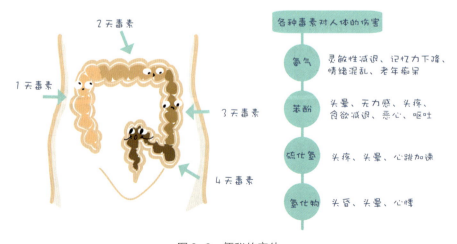

图2-6　便秘的害处

　　通过研究便秘患者的肠道菌群，发现相对于健康人群的肠道菌群，各年龄段便秘患者肠道内乳酸杆菌、双歧杆菌等益生菌的丰度普遍下降，而肠杆菌科、梭菌属的细菌丰度相对较高。特别是老年便秘患者，其肠道菌群结构与正常老年人差异较大，且失调程度与便秘严重程度呈一致的变化趋势。虽然现阶段还是无法解释肠道微生物是如何参与便秘的发生和发展的，但还是可以从现在的研究成果中找到蛛丝马迹。

　　为了便于后面的讲解，在这里先插入一些关于糖类的相关概念。糖类（carbohydrate）由碳、氢、氧3种元素组成，由于它所含的氢和氧的比例为2：1，和水一样，旧称为碳水化合物。它是为人体提供热能的3种主要营养素中最廉价的一种。食物中的糖类分成两类：一类是人体可以吸收利用的有效糖类，另一类是人体不能消化的无效糖类。这里讲的糖类，并非只是平时吃的糖果，而是广义的糖，它包括单糖（如葡萄糖、果糖）、寡糖（如乳糖、麦芽糖）及多糖（如淀粉、纤维素）等；无论是哪种糖，最终都要转化为葡萄糖才能参与各种代谢活动，最终转化为能量物质用于维持人体的正常生理活动。在糖类的代谢过程中，很多酶是人体自身无法合成或分泌的，需要依赖于肠道微生物的作用。对双歧杆菌的研究发现，它可以利用寡糖发酵产生乙酸和乳酸，代谢过程中产生的能量能够促进肠道蠕动，使粪便连续不断地推向肛门并排出体外。乙酸和乳酸又可调节肠道局部pH值（类似前面胆汁酸的作用），抑制致病菌的生长和外源菌的入侵，对肠道微生态起到保护作用。而对于便秘患者，双歧杆菌的缺乏会导致酵解寡糖的酶分泌不足，造成寡糖在肠内堆积，患者容易出现腹胀、腹痛等症状。

　　乳果糖氢呼气试验（lactulose hydrogen breath test，简称LHBT）是临床上常用的小肠动力性能的评价性检测方法。人类组织细胞代谢过程并不产生氢气，肠道内的氢气都是由结肠内未被吸收的碳水化合物经细菌发酵后生成的，这些氢气大部分可由肠道直接排出，少部分可经血液循环由肺呼出，因此可通过呼气试验检测到氢气的含量。利用乳果糖氢呼气试验对比发现，便秘患者呼出氢气的量较非便秘人群低，可以推测他们肠道中的氢气要么产生的量少，要么就是被利用掉了，导致进入血液并由肺排出的量相应减少。产甲烷菌正是肠道中氢气的利用者。肠道之所以被称为微生态，是因为其也像生态圈，存在着食物传递链。由于氢气在肠道内累积，会阻碍能量物质的产生。而产甲烷菌可利用这些累积的氢气产生甲烷，进而减少肠道内气体的累积，维持大肠厌氧环境，与肠道其他微生物互利共

有害菌：
这个是我的地盘，
你们到一边去！

有益菌：
但我们对主人的健康
有作用啊……

图 2-7 便秘与微生物有关

生，促进肠道菌群对食糜的发酵，增加机体对短链脂肪酸的吸收，从而提高食物的利用率，对维持肠道微生态的稳定、保障肠道健康有重要意义（图 2-7）。

正如前面所提到的，肠道微生态是一个动态平衡的生态系统，任何成员都并非多多益善。在临床上，通过乳果糖氢呼气试验发现，便秘患者呼出的气体中，氢气含量普遍较低，而甲烷含量却升高，且甲烷含量随便秘程度的加重而升高。这表明，肠道中产甲烷菌的情况与便秘的发生是直接相关的。在有便秘困扰的肠易激综合征患者的粪便中，产甲烷菌的检出率显著高于非便秘的肠易激综合征患者。进行肠动力实验时发现，甲烷产生者的食糜在整个消化道内的移动时间为 84.6 h，这几乎是非甲烷产生者的 2 倍。食物在经过消化道的过程中，消化道是不断地从食物中吸收水分的。可以想象，两个人吃的食物量相当，但食物经过消化道的时间越长，则水分被吸走得越多，最后排泄物中的水分必然减少，这就会造成大便结块难以排出。并且食物在经过消化道最终排出的过程，就好像下水道排污，如果管道淤积变窄，就会造成排污速度减慢，淤积部位就像一个瓶颈，污秽之物在此处越积越多。对于下水道、排污管，可以通过换一节管道或者清理疏通解决。但对于人体，如果局部毒素过多、菌群平衡遭到破坏、条件致病菌增殖，就会造成肠道黏膜损伤发炎，最终带来一系列的疾病。

记得一则减肥茶广告说"排宿便，润肠道，排出毒素，一身轻松"，就一针见血地说出了排出肠道内淤滞的粪便对我们整个机体来说是非常必要的。此处，笔者不得不强调一句，减肥产品或止泻药物，通常是采用刺激性泻剂，以炎性介质的形式通过刺激结肠道黏膜下肌间神经丛、平滑肌，增加肠道蠕动和黏液分泌而促进排便。此类药物可引起严重的腹绞痛，长期服用可致水、电解质紊乱及酸碱平衡失调，损害结肠道黏膜、肌间神经丛及平滑肌的收缩，破坏排便反射机制，使便秘加重。通过临床肠镜观察，此类药物可导致结肠黑变病，这是一种以结肠黏膜黑色素沉着为特征的非炎症性肠炎，患者有腹胀、便秘及排便困难等症状。所以，如果您刚好决心减肥，特别提醒您，千万不要试图用药物致泻的方式来摧残自己，因为那样后患无穷！

▶ （五）谈"瘤"色变

当今社会，人们不会再为能否吃饱肚子而担心，这种担心已经上升到一种更高的形式——人们如何吃得健康。这些年，人们的生活水平提高了，饮食结构也慢慢地发生了变化。这种高蛋白、高脂肪、高热量的食物摄取，改变了肠道内环境。有研究显示，食物中脂肪成分超过 40% 就会诱发肠息肉，肠息肉又与肠癌的发生有着极为密切的关系。直径大于 2 cm 的腺瘤样息肉，其癌变率可达 60% 以上。可以这么说，大部分肠癌是由肠息肉演变而来的。据估计，从息肉发展到癌变一般需要 5 ~ 15 年的时间，这也是肠癌的发病率一直居高不下的部分原因。

据世界卫生组织最新报告显示，肠癌在 2012 年造成全球 69.4 万人死亡。近 30 年来，我国肠癌发病率年均上升 3% ~ 4%，每年因该病死亡的人数位居世界第一位。2015 年国家癌症中心公布的癌症统计数据显示，我国肠癌年新发病例 637.63 万人，死亡 19.10 万人。这么高的致死率，谈"瘤"色变也是可以理解的。

那么，究竟是什么因素导致了肠癌的发生？如果知道了这些，就有办法去避免它们的发生。想要治疗和预防肠癌，就必须先了解它，这应该是很多人的想法。现在的研究表明，肠癌其实是一种包括多步骤的、逐渐演化的疾病。从正常上皮到腺瘤再到侵入性癌的过程，一般要经历 10 年以上的时间，这个时间足以让我们想出合适的办法去应对癌变（图 2-8）。

现在已经知道，肠癌具有一定的遗传倾向，也就是说，你的亲属中如果有肠癌的患者，那么你可要"打起十二分精神了"，一定要定期去医院体检，随时了解自身的健康状况（图 2-9）。没有肠癌家族史的也别高兴得太早，别以为这事情就与己无关了。为什么这么说呢？因为研究人员发现，95% 以上的肠癌是散发性的。导致这种散发的因素有很多，环境因素、长期的炎症和饮食的影响被认为是肠癌发生的主要驱动力。随着基因组学研究的深入，科学家发现肠道微生物也在

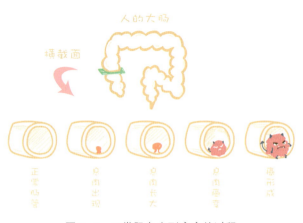

图 2-8　正常肠息肉到癌变的过程

诱发肠癌过程中扮演着举足轻重的角色。所以要想肠癌远离你，还需要注意日常饮食，最好能够通过饮食改善肠道菌群组成。利用肠道菌群为人类的健康"卖力"，牢牢控制住它们，不要让它们"倒戈"去做肠癌的"帮凶"。"知己知彼，百战不殆"，要实现这一伟大的"目标"，就要了解肠道菌群在肠癌发病过程中扮演的角色及其地位。

接下来，笔者就把科研人员已经发现的"蛛丝马迹"向各位进行汇报。实验室里有一种老鼠，它们的免疫系统天生就是有缺陷的。这种具有先天性免疫缺陷的老鼠肠道微生物和宿主（老鼠）之间是一种失调的关系。这种肠道菌群的失调，增加了老鼠罹患肠癌的风险。借助基因组测序技术，研究人员比较了正常人和肠癌患者粪便基因组的差异。结果发现，两组人群的肠道菌群具有显著的统计学差异。肠癌患者粪便中菌群的多样性相对正常人而言比较低，而条件致病菌的丰度相对增加，像我们所熟知的双歧杆菌这类益生菌的丰度则减少。

图 2-9　需要定期体检，提前防范肠癌

通过进一步分析发现，肠癌患者肠道中通常缺少产生短链脂肪酸的细菌。短链脂肪酸是由厌氧菌或酵母菌进行糖酵解而产生的发酵副产物，包括甲酸、乙酸、丙酸、异丁酸、丁酸、异戊酸、戊酸。当食物从小肠进入大肠后，没有被消化的膳食纤维在结肠内酵解，释放出短链脂肪酸。在结肠内，短链脂肪酸对于维持大肠的正常功能和结肠上皮细胞的形态和功能具有重要作用。短链脂肪酸的作用不仅如此，它们还可促进肠道对钠的吸收。特别是丁酸，可增加乳酸杆菌的数量而减少大肠杆菌的数量。在丁酸的刺激下，肠道上皮细胞可以分泌细胞因子，激发肠道细胞免疫，削弱条件致病菌的破坏作用，维护肠道微生态的健康稳定。但对于肠癌患者来说，由于其肠道 pH 值相对较高，不利于产丁酸菌和乳酸杆菌的生长，丁酸等短链脂肪酸分泌量不足，无法促进免疫因子释放；而拟杆菌这类与产丁酸菌竞争氮源的条件致病菌借机增殖，通过释放肠毒素、入侵肠壁细胞等方式造成肠壁炎症，进一步加剧肠道内环境的恶化，导致益生菌定植能力下降、肠道微生态失调，进而加速癌症的发展。

打个比方，肠道微生态与肠癌的发生和发展过程可以归纳为细菌的"驱动和过客"模型。"过客菌"通常在健康人肠道中具有相对弱的定植能力，而在肿瘤微环境中却有着竞争优势，通常是促进癌变的细菌；而"驱动菌"具有双重"性格"，它们在一些环境下可以促进癌变，在某种环境下又可以抑制癌变。根据这个模型可知，肠癌的发生起始于某些"常驻菌"。这些细菌在特定环境下会导致肠道上皮细胞 DNA 的损伤，进而引发肠癌，此时这些"常驻菌"摇身一变成了促进肠癌发展的"驱动菌"。而后，在肿瘤的微环境下，"驱动菌"又会被肠道中的"过客菌"所取代，因为"过客菌"在肿瘤环境下更具有竞争优势。

（六）胖是一种病，得治

"我要减肥！我要减肥！"这种口号，笔者相信大家听得耳朵都要起老茧了吧。口号喊得这么响亮，那么，到底该怎么减？恐怕很多人都没有真正有效的方法。因为人体脂肪积累是一种战略储备，不到万不得已是不会轻易调动的。所以那些说要靠节食减肥的人，笔者只能说"很难"。为什么很难？听我们慢慢讲述。人体在饥饿的状态下，一般是先分解肌肉，分别将肌肉中的肌糖原和肝脏中的肝糖原分解以提供身体所需的能量。所以依靠节食，只能消耗你的肌肉，而肌肉又是我们不愿意失去的东西。只有在一个相对较长的时间内没有食物供给，如果再不动用脂肪，生命就会受到威胁时人体才会消耗脂肪。这个时间很少有人能够坚持到，即便坚持到这一步，对身体的损伤也是很大的。那么，应该如何减肥呢？调节肠道微生态可能来得比较快。

其实，肥胖是一种病，肥胖人群的肠道微生态是一种失调状态，且存在肠道黏膜炎症（图2-10）。科学家对肥胖人群和体重正常且健康人群的肠道微生物进行对比后发现，在"门"的水平上，通俗地讲"从根儿上"就有显著性差异。在肥胖人群的肠道中，有一种叫阴沟肠杆菌的细菌已经被证实是造成肥胖的元凶之一，这名字听起来就挺可怕的！科学家将从肥胖人群粪便中分离的一株阴沟肠杆菌接种给无菌小鼠。当饲喂高脂饲料时，小鼠出现了严重的肥胖和胰岛素抵抗症状。美国一位科学家做了一个有趣的实验，他将一胖一瘦双胞胎姐妹的粪便移植到正常小鼠肠道内，同时饲喂低脂高纤维的"健康饲料"。虽然移植到无菌小鼠肠道中的粪便来自不同的姐妹，但都表现出：移植胖人粪便的小鼠变胖了，而移植

图 2-10　肥胖人群的肠道微生态是一种失衡状态

瘦人粪便的小鼠仍然是瘦老鼠。

　　因此，姑娘们，要想减肥，从改变肠道微生态开始吧！但不要紧张，不是让大家去吃细菌，还有一种简单的方法——找个瘦子做室友！同样还是用小鼠做的实验，与胖老鼠一起生活了10天的胖老鼠们，它们仍然还胖；相反，与瘦老鼠一起生活了10天的胖老鼠们，它们体重居然出现了下降趋势，而瘦老鼠们的体重并没有增加的趋势。其实，用科学的眼光分析这一现象是很简单的，胖老鼠的肠道微生态中菌群的多样性较瘦老鼠要低。因此，多的可以分享给少的，而少的无法分享给多的。但是并非有个瘦人室友，就可以轻松减肥、健康成长了，还是需要管得住嘴。

　　多项研究发现，不健康的饮食习惯是造成肠道微生态失衡的最直接的原因之一。用前面谈到的一系列知识可以归结为，肠道微生态的紊乱给条件致病菌增殖创造了机会，这些致病菌通过释放毒素的方式造成肠壁炎症，改变肠壁通透性，干扰正常信号因子的有效释放，使代谢通路受阻，甚至影响神经递质的传递。现在已有

大量的研究证明，肠道微生态失调不但与消化系统疾病（如肠癌、胆结石、肝硬化等）的发病相关，还与代谢类疾病（如肥胖、2型糖尿病等）、心血管疾病（如高血压、动脉粥样硬化）的发病相关，甚至与免疫系统疾病（如哮喘、过敏、艾滋病）相关。我们无法改变自身的先天基因，但我们可以通过自身努力，调节肠道微生态，让肠道菌群结构更合理，为我们的身体提供更好的"服务"。

本章小结

在以上论述中，我们提到很多科学研究的结果。这些结果，不论是人群试验还是动物实验，其实验材料都是粪便。对于人类，粪便是反映肠道微生态结构最直接、最可靠的样本资源；对科研人员来说，粪便是最宝贵的实验资源，是了解人类健康、推动临床医学发展的重要宝库。

参考文献

［1］Backhed F, Ding H, Wang T, et al. The gut microbiota as an environmental factor that regulates fat storage［J］. Proceedings of the National Academy of Sciences of the United States of America, 2004, 101（44）: 15718−15723.

［2］Bouter K E, van Raalte D H, Groen A K, et al. Role of the gut microbiome in the pathogenesis of obesity and obesity-related metabolic dysfunction［J］. Gastroenterology, 2017, 152（7）: 1671−1678.

［3］De Filippo C, Cavalieri D, Di Paola M, et al. Impact of diet in shaping gut microbiota revealed by a comparative study in children from Europe and rural Africa［J］. Proceedings of the National Academy of Sciences of the United States of America, 2010, 107（33）: 14691−14696.

［4］Eckburg P B, Bik E M, Bernstein C N, et al. Diversity of the human intestinal microbial flora［J］. Science, 2005, 308（5728）: 1635−1638.

［5］Fei N, Zhao L. An opportunistic pathogen isolated from the gut of an obese human causes obesity in germfree mice［J］. ISME J., 2013, 7（4）: 880−884.

［6］Ford A C, Quigley E M, Lacy B E, et al. Efficacy of prebiotics, probiotics, and synbiotics in irritable bowel syndrome and chronic idiopathic constipation: systematic review and meta-analysis［J］. The American Journal of Gastroenterology, 2014, 109（10）: 1547−1561.

［7］Gill S R, Pop M, Deboy R T, et al. Metagenomic analysis of the human distal gut microbiome［J］. Science, 2006, 312（5778）: 1355−1359.

［8］Hartstra A V, Bouter K E, Bäckhed F, et al. Insights into the role of the microbiome in obesity and type 2 diabetes［J］. Diabetes Care, 2015, 38（1）: 159−165.

［9］Kimura I. Host energy regulation via SCFAs receptors, as dietary nutrition sensors, by gut microbiota［J］. Yakugaku Zasshi, 2014, 134（10）: 1037−1042.

［10］Komaroff A L. The microbiome and risk for obesity and diabetes［J］. JAMA, 2017, 317（4）: 355−356.

［11］Le Chatelier E, Nielsen T, Qin J, et al. Richness of human gut microbiome correlates with metabolic markers［J］. Nature, 2013, 500（7464）: 541−546.

［12］Li G, Xie C, Lu S, et al. Intermittent fasting promotes white adipose browning and decreases obesity by shaping the gut microbiota［J］. Cell Metabolism, 2017, 26（5）: 801−808.

［13］Liu R, Hong J, Xu X, et al. Gut microbiome and serum metabolome alterations in obesity and after weight-loss intervention［J］. Nature Medicine, 2017, 23（7）: 859−868.

［14］Ma M S. Inflammasomes in the gastrointestinal tract: infection, cancer and gut microbiota homeostasis［J］. Nature Reviews Gastroenterology & Hepatology, 2018, 15（12）: 721−737.

［15］Maruvada P, Leone V, Kaplan L M, et al. The human microbiome and obesity: moving beyond associations［J］. Cell Host Microbe, 2017, 22（5）: 589−599.

［16］Parthasarathy G, Chen J, Chen X, et al. Relationship between microbiota of the colonic mucosa vs feces and symptoms, colonic transit, and methane production in female patients with chronic constipation［J］. Gastroenterology, 2016, 150（2）: 367−379.

［17］Peter J T, Micah H, Tanya Y, et al. A core gut microbiome in obese and lean twins［J］. Nature, 2009, 457（7228）: 480−484.

[18] Rawls J F, Mahowald M A, Ley R E, et al. Reciprocal reciprocal gut microbiota transplants from zebrafish and mice to germ-free recipients reveal host habitat selection [J]. Cell, 2006, 127 (2): 423−433.

[19] Schramm C. Bile acids, the microbiome, immunity, and liver tumors [J]. The New England Journal of Medicine, 2018, 379 (9): 888−890.

[20] Sethi V, Kurtom S, Tarique M, et al. Gut microbiota promotes tumor growth in mice by modulating immune response [J]. Gastroenterology, 2018, 155 (1): 33−37.

[21] Singh V, Yeoh B S, Chassaing B, et al. Dysregulated microbial fermentation of soluble fiber induces cholestatic liver cancer [J]. Cell, 2018, 175 (3): 679−694.

[22] Tigchelaar E F, Bonder M J, Jankipersadsing S A, et al. Gut microbiota composition associated with stool consistency [J]. Gut, 2016, 65 (3): 540−542.

[23] Tun H M, Bridgman S L, Chari R, et al. Roles of birth mode and infant gut microbiota in intergenerational transmission of overweight and obesity from mother to offspring [J]. JAMA Pediatr, 2018, 172 (4): 368−377.

[24] Turnbaugh P J, Hamady M, Yatsunenko T, et al. A core gut microbiome in obese and lean twins [J]. Nature, 2009, 457 (7228): 480−484.

[25] Turnbaugh P J, Ley R E, Mahowald M A, et al. An obesity-associated gut microbiome with increased capacity for energy harvest [J]. Nature, 2006, 444 (7122): 1027−1031.

[26] Velloso L A, Folli F, Saad M J. TLR4 at the crossroads of nutrients, gut microbiota and metabolic inflammation [J]. Endocrine Reviews, 2015, 36 (3): 245−271.

[27] Warne J P, Dallman M F. Stress, diet and abdominal obesity [J]. Nature Medicine, 2007, 13 (7): 781−783.

[28] Xu J, Bjursell M K, Himrod J, et al. A genomic view of the human *Bacteroides thetaiotaomicron* symbiosis [J]. Science, 2003, 299 (5615): 2074−2076.

[29] Zhang C, Zhang M, Wang S, et al. Interactions between gut microbiota, host genetics and diet relevant to development of metabolic syndromes in mice [J]. ISME Journal, 2010, 4 (2): 232−241.

二、健康从"肠"计议，如何伺候好你的肠道菌群

在遗传学研究中，通常会用线虫作为寿命以及遗传发育相关研究的模式生物。线虫是一种二倍体生物，它们的染色体很少（只有 1 对性染色体和 5 对常染色体），它们的寿命都非常短暂，平均只有 2 ~ 3 周。2013 年，菲利佩·卡布雷罗（Filipe Cabreiro）发现，用来治疗 2 型糖尿病的二甲双胍能够延长线虫的寿命，但是这仅对那些肠道内有微生物的线虫起作用。接着，达里奥·瓦伦扎诺（Dario Valenzano）等人又在鳉衰老研究模型中发现，给老年鳉饲喂幼年鳉的粪便后，老年鳉的寿命可以变得更长。目前还不清楚，人体中是否也存在类似的现象。但是这些模式动物的研究结果至少说明，肠道微生物可能参与调控与寿命相关的生理活动。

最近，医学专家提出人除了有心理年龄、生理年龄外，还有"第三年龄"——肠道年龄。保持肠道健康，直接关乎人的健康乃至寿命。当我们通过肠道内的各类菌群平衡状态来判断肠道的健康程度以及代谢类疾病的发病率时，肠道年龄就成了一个重要的参数。例如，偏食、抑郁症等都会导致肠道菌群的失调，而这些人的肠道年龄便会明显高于他们的生理年龄。

（一）健康饮食为肠道减龄

肠道年龄主要是指以肠道内各种细菌的平衡程度来判断肠道的老化程度以及疾病的发病概率，从而评估人的健康状况（图 2-11）。其判断标准之一就是体内有益细菌的含量，有益细菌比例越高，肠道年龄就越年轻；反之，肠道年龄就越老。

婴儿从出生后的第 5 天开始，肠道内便有双歧杆菌等可以清洁肠道的有益菌群定植，而从婴儿断奶转入成年人的饮食后，肠道内的中性厌氧菌拟杆菌门等便开始逐渐增殖，最终可以占据人体肠道内菌群总数的约 90%，而那些

图 2-11 人还有"第三年龄" ——肠道年龄

有益菌将逐步下降到 10% 左右。这种菌群的构成在步入老年期之前基本不会改变。步入老年期（60 岁以上）后，人体肠道内的有益菌将进一步下降，而有害菌如产气荚膜杆菌、大肠杆菌的数量则呈上升趋势。据统计，大约有 30% 的老年人群肠道内的双歧杆菌属已经消失，而 80% 以上的老年人群肠道内存在着产气荚膜杆菌。这也是这一年龄段易出现便秘的原因之一，而便秘的出现更容易引发肠道内物质的腐败发酵、有害菌群中致癌物质的积累、大便异味和肠内胀气等。

（二）肠道年龄自测

既然肠道是有年龄的，那么如何知道自己的肠道年龄呢？其实可以通过一套简单的自测题来粗略地了解一下。

Q1　饮食习惯：经常匆忙吃早餐或不吃早餐
　　　　　　　是　　否

Q2　饮食习惯：吃饭时间不固定
　　　　　　　是　　否

Q3　饮食习惯：很少吃蔬菜、水果
　　　　　　　是　　否

Q4　饮食习惯：经常喝可乐、咖啡等
　　　　　　　是　　否

Q5　饮食习惯：爱吃肉食
　　　　　　　是　　否

Q6　饮食习惯：每周至少 4 次在外用餐
　　　　　　　是　　否

Q7　饮食习惯：不喜欢喝牛奶或酸奶
　　　　　　　是　　否

Q8　饮食习惯：挑食
　　　　　　　是　　否

Q9　生活状态：经常抽烟、喝酒
　　　　　　　是　　否

Q10　生活状态：皮肤不好
　　　　　　　是　　否

Q11　生活状态：心里总是有压力
　　　　　　　是　　否

Q12　生活状态：失眠或睡眠时间不充分
　　　　　　　是　　否

Q13　生活状态：经常熬夜或加班
　　　　　　　是　　否

Q14　生活状态：经常感到郁闷、苦恼，很少有愉快的日子
　　　　　　　是　　否

Q15　生活状态：长期室内伏案工作，运动量较少
　　　　　　　是　　否

Q16　生活状态：有口臭
　　　　　　　是　　否

Q17　排便习惯：排便时间不规律
　　　　　　　是　　否

Q18　排便习惯：经常有便秘的情况出现
　　　　　　　　　　是　　　否

Q19　排便习惯：经常感觉排便未排完
　　　　　　　　　　是　　　否

Q20　排便习惯：经常排出球形粪便
　　　　　　　　　　是　　　否

Q21　排便习惯：粪便有恶臭
　　　　　　　　　　是　　　否

Q22　排便习惯：感觉排出的粪便较硬
　　　　　　　　　　是　　　否

Q23　排便习惯：粪便颜色较黑
　　　　　　　　　　是　　　否

Q24　排便习惯：排出的粪便直接沉底
　　　　　　　　　　是　　　否

以上 24 道是非题分为 3 部分：饮食习惯、生活状态以及排便习惯，其中，饮食习惯部分每道题答案为"是"得 1 分，答案为"否"不得分；生活状态部分，每道题答案为"是"得 1.5 分，答案为"否"不得分；排便习惯部分，每道题答案为"是"得 2 分，而答案为"否"不得分。全部 24 道题的得分值同自己生理年龄值的总和是测试出的肠道年龄。下面为肠道年龄超过正常生理年龄的不同身体表现与注意事项。

0 ~ 9 岁：良好，肠道内有益菌丰富，肠道菌群较为平衡。

9 ~ 20 岁：需要引起注意，否则易引起肠道菌群失调，可通过加强运动、改善饮食习惯等防止肠道老化。

20 ~ 30 岁：不良，肠道内有害菌增加，肠道菌群失调，因为肠道老化速度加快，所以需尽快改变日常饮食习惯，强化排便规律，加强体育锻炼。

30 ~ 36 岁：肠道严重老化。

一个健康人的肠道年龄理论上应该与正常生理年龄相差不大，但是日本学者的研究统计发现，近些年来日本 10 ~ 20 岁的年轻人的肠道年龄出现了明显老化的趋势，其中女性的情况更加严重，一些人的肠道年龄据评测有 60 岁。究其原因主要是其日常生活中不良的饮食习惯，诸如偏食、盲目的节食减肥等；而一些中老年人因工作业务等的应酬较多，加上自身的不良情绪以及肠胃负担加重等因素，导致其肠道菌群严重失调。

研究发现，长寿老人肠道中的双歧杆菌等有益菌属的数量是正常老人的 100 倍，而正常老人肠道中的这类有益菌属的数量又是患病老人的 50 倍。因此，生物学家和医学专家普遍认为，肠道年龄与人体的健康状态密切相关，拥有年轻的肠道可大大延缓衰老。

▶ （三）肠道提前老化危害多

如果你觉得，肠道老化无所谓，该吃吃，该喝喝，没什么大不了的，那就错了。中医认为，胃主受纳，主腐熟水谷；小肠主受盛化物，主泌别清浊，主液；大肠主传化糟粕，主津。这句话对胃肠道的生理功能做了生动的概括。胃肠道不仅是消化食物、吸收营养的场所，还有排泄废物的功能。此外，肠道有自主的神经系统，能分泌多种胃肠激素。其中，一些胃肠激素还同时存在于脑组织中，即脑肠肽，这些激素对人体的生理功能和心理状态都有着广泛的影响。

肠道功能障碍直接影响食物的消化和吸收，可导致营养不良。蛋白质、糖类和脂类摄取不足，可引起消瘦、疲乏无力、精神不集中等症状；维生素 D 的缺乏可引起钙磷代谢失常、骨质疏松，甚至还可影响性激素合成，出现性欲低下、面部色素沉着、黄褐斑等；维生素 B_1 的缺乏可引起记忆力下降；B 族维生素、维生素 C 以及一些重要的矿物元素（如钙、铁、镁和钾等）的缺乏，可引起精神消沉和情绪低落。

肠蠕动减弱会使粪便在大肠内停留的时间延长，粪质变硬，导致排便困难，引起痔疮、肛裂等。肠道老化导致代谢的废物和有毒物质不能及时排出、被重新吸收入血，进而引起多脏器的损害，如肝功能损伤、免疫功能降低、易发生感染等；还可能影响心脑血管系统，对高血压、心脏病患者产生不利影响。对患有高血压、冠心病、脑动脉硬化症的患者来说，用力排便还可能诱发脑血管意外。便秘、毒素的长期积累是诱发肠癌的危险因素。对女性来说，便秘还会增加其患乳腺癌的风险。有报道显示，每周大便少于 2 次者，4 人中就有 1 人的乳房组织细胞出现异常。

（四）影响肠道年龄的因素

影响肠道年龄的因素很多，目前常见有饮食、抗生素的滥用、不良情绪以及外来细菌感染。

肠道老化的极端表现就是肠道衰竭。研究显示，临终患者的肠道大部分都是处于衰竭状态的，肠道中的有益菌几乎为零。合理饮食是避免肠道衰竭的有效方法。就普通人来说，肠道年龄和饮食有着极为密切的联系，过于精细的饮食或节食都会使肠道黏膜细胞缺乏营养，肠道益生菌含量减少。因此，饮食结构失衡以及不良饮食习惯都是导致肠道老化的重要因素。

目前，我国抗生素滥用的现象比较严重（图 2-12）。抗生素在杀灭有害细菌的同时，也会杀死有益菌。滥用抗生素会破坏肠道菌群平衡，导致肠道菌群失调。其中，抗生素相关性肠炎就是肠道菌群失调的严重后果，主要由艰难梭菌引起。当肠道内敏感的细菌（包括有益菌）被杀死后，艰难梭菌就乘机大量繁殖，引起假膜性肠炎。

肠道可以分泌多种激素（包括脑肠肽），维持消化道的正常功能，以适应各种变化。不良情绪可引起肠神经系统功能失常。食用不洁食物后，会导致致病菌进入肠道，使有益菌和有害菌比例失调，引发肠道疾病。

图 2-12 滥用抗生素会让肠道提前老化

（五）如何让肠道保持年轻

保持良好的饮食习惯、避免药物滥用以及坚持健康的生活方式，是让肠道保持年轻的秘方。做到这些，让肠道重返青春就不是梦。

1. 保持良好的饮食习惯

良好的饮食习惯包括坚持吃早餐，一日三餐荤素搭配，少吃不利于有益菌群生长的高蛋白、饱和脂肪酸类食品，多吃富含维生素与纤维素的蔬菜、水果、薯类、豆类、全麦类等食物。日本厚生省向国民推荐，每人每天摄取 20 ~ 25 毫克食物纤维。此外，可适量摄取含活菌的物质（比如乳酸饮品），使益生菌直接进入肠道，以改善肠道功能。

2. 避免滥用药物

很多药物对肠道有损伤作用，一定要在医生的指导下服用。解热镇痛类药物如阿司匹林、保泰松、吲哚美辛等，对肠道均有不同程度的刺激作用，同时还具有抑制前列腺素合成的功效，会造成肠道黏膜损伤。

3. 坚持健康的生活方式

保证充足的睡眠，避免熬夜。及时消除不良情绪，每天适当运动。戒除吸烟、酗酒等不良习惯。此外，养成天天排便的习惯也有助于保持肠道年轻。

总之，肠道好，人不老，保持肠道年轻很重要。

（六）莫让情绪影响你的肠道

肠道环境往往会影响人的抗压性，所谓抗压性指的是人们对外界各种形式、各方面压力的承受能力。也就是说，在肠道环境良好的情况下，压力过大也无伤大雅。然而，如果肠道状态不佳，往往一点点的压力都会对人体产生重大影响。也就是说，肠道会受到心理压力的影响；同样，肠道也会影响我们自身的情绪。

除了颅脑外，在人体里还存在着另外一套独立的神经系统——肠神经系统，肠神经系统的机制非常复杂，因此也被人们称为人体"第二大脑"。肠神经系统包含约 1 亿个细胞，是人类大脑细胞的 1000 多倍，肠神经系统长度为 9 米，从食道一直延伸到了肛门。相对于人体大脑独立而高级的神经活动功能，如记忆、思考、分析、逻辑推理以及语言等，虽然肠神经系统的功能并没有那么强大，但是却能够在人体休息的状态下仍然维持肠道的正常运转，并且参与正常的食物消化和吸收，同时还能参与调节身体其他器官的功能，影响人的情绪和行为。

　　肠神经系统和颅脑之间的相互作用往往通过 3 个层次来实现：第一层为肠神经系统自身局部调整；第二层为椎前神经节接收并调节来自肠神经系统和中枢神经系统的信息；第三层为由颅脑的各级中枢和脊髓接收内、外环境变化时传入的各种信息，经整合后再通过自主神经系统和神经 – 内分泌系统将调控信息传送到肠神经系统或直接作用于肠效应细胞。通过不同层次的相互作用将肠神经系统与中枢神经系统联系起来，形成"神经 – 内分泌"，即"肠 – 脑"轴。人体通过肠神经系统和脑部的双向"神经 – 内分泌"网络回路对自身各种生理活动作出反应或者发出指令，这就是肠脑互动。肠神经系统既可以独立工作，也可以同大脑一起进行合作。

　　肠脑和颅脑存在共通的联系物质，这构成了肠脑互动的化学基础。肠脑中几乎能找到颅脑赖以运转和控制的所有物质，如 5-羟色胺、多巴胺、谷氨酸、去甲肾上腺素、一氧化氮等。肠脑中还存在多种被称为神经肽的脑蛋白、脑啡肽以及对神经起显著作用的化学物质。人体的神经传递物质——5-羟色胺，95% 都产生于肠脑，肠脑负责向颅脑递送全身所需的 95% 的 5-羟色胺和 50% 的多巴胺。物质的联系构成了信息、情绪和能量联系的基础，并且这种联系的通路是双向的。颅脑面临惊恐或情绪压抑时所释放的应激激素会刺激食管，从而使人感到吞咽困难，还会刺激肠胃产生痉挛，严重时会导致腹泻。

▶（七）肠道菌群失调可影响人的情绪

　　导致抑郁症的因素是非常复杂的，从生物学角度来讲，抑郁症通常被认为是可遗传的疾病。但需要强调的是，如果你的家族有抑郁症患者，这只是增加了你患抑郁症的概率，并非一定会遗传给你。因为环境刺激比基因对一个人患抑郁症的影响更大。

　　研究发现，在已知的 100 多种神经递质中，有 3 种与抑郁症有着密切联系，它们分别是去甲肾上腺素、多巴胺以及 5-羟色胺。5-羟色胺，俗称快乐荷尔蒙，它可以帮助人们放松心情，认识生活积极的一面。5-羟色胺缺乏会使人焦虑、抑郁和暴力。大脑分泌的 5-羟色胺只占全身的 5%，而 95% 的 5-羟色胺都是在肠道里合成的。

美国加州理工学院的杰西卡·亚诺（Jessica Yano）等人在 2015 年 4 月 9 日的《细胞》杂志上发表论文，他们发现，某些肠道细菌可以产生 5- 羟色胺，这些肠道细菌可能会对人类情绪以及抑郁症的控制等方面产生较大的影响。

1. 肠道微生态——情绪遥控器

人的很多行为可能受到肠道微生物的调控，肠道内的微生物不仅能够调控人的生理活动，还能调控人的心理反应。动物和临床研究结果表明，益生菌能够减轻抑郁和焦虑，提高认知能力，改善自闭症、多发性硬化症、阿尔茨海默病和帕金森病等，有益于人类的心理健康。厚壁菌能够强化免疫力，拟杆菌可以影响体重，梭菌则会使人情绪失控，肠胃炎症可导致女性抑郁样行为。肠道微生物失调可增加人们患抑郁症、焦虑症、强迫症，甚至自闭症的概率。研究人员发现，这些疾病的患者，均患有消化系统功能性疾病。而且这不是偶然的，有直接临床证据表明，肠道微生物干预能够改善这些心理异常疾病。

人们已经意识到，肠道微生物能够参与人体焦虑产生、疼痛感知甚至情绪反应的过程。美国科学家伊莲·肖对此表示："我们想通过改变肠道微生物来观察其对小鼠抑郁症的影响。我们实验室主要研究小鼠的免疫发育，同时我们也在关注肠道菌群的改变能否使这些小鼠的防御能力发生改变。当我们开始这项实验后，发现很多临床研究报道的那些患自闭症的人群，大多有着不同程度的肠道问题，这给我们提供了一条研究自闭症和肠道菌群关系的线索。"

人群中的相关流行病学研究表明，如果一个母亲在妊娠期间有过重大的免疫应答反应，那么她的孩子患自闭症的风险便会显著提高。基于这项事实，伊莲·肖和她的研究团队使已妊娠小鼠产生过度的免疫应答反应，结果在新一代小鼠身上发现了与自闭症相关的症状，这其中包括重复性动作增多以及同其他小鼠之间的交流变少。此外，这些小鼠的肠道微生物也发生了改变。与健康小鼠相比，这些有自闭症症状的小鼠肠道黏膜的通透性显著提高，这可能会造成有毒物质穿过肠道，进入血液循环系统。这种肠道黏膜通透性的增加往往也发生在患有腹泻的自闭症儿童体内。

同时，研究人员发现，患有自闭症的小鼠体内存在一种与自闭症相关的神经毒素，这种神经毒素是肠道微生物，特别是破伤风杆菌的代谢产物，这种神经毒素同确诊的自闭症儿童体内的一种高浓度的分子十分相似。为了确认这种代谢产物的确切作用，研究人员让健康小鼠摄取这种神经毒素，不久后健康小鼠便出现了与自闭症小鼠相似的异常行为举动。这个发现表明，这种神经毒素可以穿过肠道，通过迷走神经传入中枢神经系统，影响神经系统的正常信号传递，引发自闭症。

2. 肠道菌群可预测自闭症

意大利农业生物和生物技术研究所的研究人员招募了 40 名自闭症受试者以及 40 名与其年龄、性别相仿的健康受试者，分别对他们进行肠道微生物检测。对比结果表明，自闭症患者的肠道微生物的拟杆菌门含量要高于健康人群，而厚壁菌门含量低于健康人群，假丝酵母属在自闭症患者体内的含量几乎是健康人的 2 倍。因此，通过对肠道菌群的检测可以很好地预测自闭症发病情况。

3. 脆弱拟杆菌可治疗自闭症

2013 年，美国加州理工学院的研究人员保罗·佩特森（Paul Patterson）和他的同事们发现，在一些有自闭症症状的小鼠肠道内，脆弱拟杆菌的含量比正常小鼠的低很多。这些小鼠表现得更为紧张、社交性降低并且伴有肠道疾病症状。令人惊喜的是，给这些小鼠喂食脆弱拟杆菌，自闭症症状竟然得到了缓解。2011 年，加拿大麦克马斯特大学的伯西克（Bercik）团队发现，当相对害羞的老鼠拥有了更具冒险精神的老鼠的肠道细菌后，它们也变得活跃和勇敢起来！

4. 喝好菌，心情会变好

2011 年的一项研究中的 55 例健康志愿者在 1 个月内坚持饮用含有 2 种益生菌（瑞士乳杆菌 R0052 和长双歧杆菌 R0175）的混合液，在随后的心理测试中，与未喝菌液的志愿者相比，他们的抑郁、愤怒和敌意水平显著降低了。

5. 健康粪便也能治病

美国马萨诸塞州梅德福的粪便银行——OpenBiome，是全美唯一独立的非营利性粪便银行，该银行向 33 个州的 122 家医院提供粪便样本，用于肠道菌群移植治疗艰难梭菌感染。将健康人肠道中的有益菌移植到患者体内，帮助治疗。

从上述的诸多研究实验中可以看出，肠道菌群与人类的行为、情绪有着奇妙的关联，科学家正在考虑通过改变肠道微生物来直接治疗部分心理疾病。当你心情不好的时候，就别再怪你的脑袋了，或许是你肠道内的某种细菌减少了。维持好肠道菌群的多样性和平衡性，同样至关重要。

（八）季节更替，别忽视了肠道菌群的感受

人体肠道菌群的组成受到各种因素的影响，包括饮食的改变、外来病原体的入侵，等等。对于经历过外来影响的肠道菌群，其恢复过程也会因人而异：一些人很快就能够恢复到之前的菌群结构，而相当一部分人的肠道菌群却并不能完全还原，而是产生了一种新的肠道菌群结构。

近期的一项实验中，研究人员用 1 年多的时间收集了 350 多名生活在坦桑尼亚的哈扎人粪便样本。哈扎人大部分居住在坦桑尼亚北边的埃亚西湖附近，这些哈扎人至今仍然延续着古老的"狩猎–采集"的生活方式，他们没有农业，也没有饲养业，一直延续着数万年前最原始的生活。研究人员发现，这些哈扎人的肠道菌群的微生物多样性比西方国家的人群高出了约 30%。同时，有一个很有意思的现象，这些哈扎人的肠道菌群往往随着季节的变化而变化，也就是说，他们的肠道菌群呈现出季节性变化，一般以一年为一个变化周期，肠道菌群的多样性在旱季会到达顶峰（图 2-13）。

这些哈扎人的饮食很大程度上基于他们所能够获取到的食物，而这些食物的出现往往又和旱季或雨季息息相关。例如，在雨季，哈扎人对浆果和蜂蜜的摄取量就变得相当高；而在旱季，哈扎人食用很多肉类和块茎类蔬菜以及猴面包树的果实。普雷沃氏菌特别善于分解植物组织，因此在旱季显得特别有用。

肠道菌群随着食物的季节性变化而变化，这样的食物季节性变化可能造成肠道菌群的功能定向变化，从而改变肠道菌群的结构。例如，拟杆菌门（最主要的是普雷沃

图 2-13　肠道菌群随着季节的变化而变化

氏菌属）的数量在雨季往往会出现明显地下降，而相比较而言，一些厚壁菌门的细菌则全年变化不明显。

同工业化地区的人群相比，这些哈扎人的肠道菌群组成中更多的是普雷沃氏菌属（29.8% 相比于 7.6%），而螺旋体科以及琥珀酸弧菌科这 2 种在哈扎人肠道菌群组成中比较常见的细菌，却并没有出现在其他地区人群的肠道菌群中。总之，这些数据显示，因为哈扎人以传统的"狩猎–采集"生活方式生活，所以他们的肠道菌群遵循着与季节性相关功能相对应的交替规律。而在这些肠道菌群的组成中，有相当一部分的丰度在某些季节无法检测出来，而在其他季节又会重新出现。在哈扎人肠道菌群中的很多种微生物在工业化地区人群的肠道菌群中是罕见或不存在的。对于工业化地区的人群来说，他们的肠道菌群中富含一些可以消化代谢复杂糖类的微生物，这些微生物利用自身的生物合成体系为人体提供能量和某些代谢反应的底物。

（九）所谓"水土不服"，原来与肠道菌群相关

很多人都有这样的经历：好不容易有时间外出旅游，肠胃问题却很煞风景地伴随始终，要么好几天不上厕所，要么肚子闹个不停，扫了游兴又伤了身体（图 2-14）。

事实上，外出期间，由于生活作息的改变，生物钟被严重打乱，即使是平时排便顺畅的人，也容易在外出期间发生便秘或者腹泻，这种情况也被称作旅行者腹泻。旅行者腹泻通常属于急性腹泻，其发生的原因有很多，包括细菌、病毒感染、食物中毒以及感冒等，通常几天内便可自行痊愈，大家并不需要担心太多。这种旅行者腹泻的发生往往反映的是较为脆弱的肠道内环境，肠道内益生菌数量较少且繁殖能力较弱。那么，在逃脱

图 2-14　环境变化，水土不服

世俗喧嚣的假期里该如何照顾好你的消化系统呢?

一个阳光充沛的午后,躺在沙滩椅上,看着远处的海浪和成排的椰子树,这样美好的景色的确可以使人放松,让人忘记一切烦恼。所有的一切看上去都是那么美好,直到腹痛的打扰了这样一段美好的经历。这是因为随着旅行的深入,你的肠道可能会变得越来越"暴躁"。

无论你是否患有常见的消化系统相关疾病,例如,腹胀、腹痛或者排便不顺,外出旅游都有可能使你遇到肠道问题。据估计,有大约1500万的旅行者常年受到感染性腹泻的困扰。因此,不难想象外出旅游会对你的肠道造成多大的影响。此外,保护好自己300多平方米的消化系统并不是一件容易的事。300平方米相当于一个标准的网球场大小,要想保护如此庞大的消化系统,首先要充分了解它。遗憾的是,除了医学工作者,大多数人对消化道知之甚少。此外,消化道里定居着数量庞大的微生物,要想"伺候"好它们,首先要了解这些细菌的功能、作用以及它们的"饮食喜好",只有了解了这些,才有可能通过日常膳食习惯的改善来优化消化系统。全世界的科研人员正在试图了解这些信息,相信不久的将来我们就能对自身消化系统进行个性化的维护和保养。

(十)旅行时别忘了带着肠道微生物

肠道微生物失调往往会增加感染性腹泻的发生风险,这是由肠道中那些可以引起腹泻的微生物含量超出正常水平所致。研究发现,健康旅行者的肠道在发生微生物失调后,能够在较短的时间内恢复正常。幸运的是,已经有很多研究告诉我们如何保护我们的肠道微生物,尤其是在旅途中如何通过调节每日膳食降低发生感染性腹泻的风险。

1. 益生菌的作用

某些特殊的微生物可以成为旅行者的好伙伴。例如,一些实验证实食用植物乳酸杆菌等可以改善胃肠道疾病症状;此外,布拉迪酵母还可以治疗旅行者腹泻这一特殊症状。虽然食用益生菌作为旅行者消化系统的保护伞并没有被广泛研究,但是已有实验证实在出行前服用一些益生菌,可以对腹泻起到一定的预防作用。

2. 食谱更替的影响

近期的一项关于小鼠的实验发现，肠道微生物会在极短期的饮食改变后（包括旅行途中的）发生变化，这可能会导致食物在消化系统中的运动以及肠胃习惯的改变。

3. 准时就餐

2014 年的一项实验发现，那些存在时差的小鼠同时有着不规律的进食时间，从而使这些小鼠出现了不同程度的肠道菌群失调。另一项包括了人和小鼠的实验结果表明，这种和时差相关的肠道菌群失调往往会引发葡萄糖不耐受、肥胖等。这些事实也在提醒我们，当前往不同时区旅行时，要尽快将你的就餐时间调整到当地时间，这或许可以帮助你预防更多的消化系统疾病。

4. 充足睡眠

近期一项研究发现，仅仅 2 天不睡觉或睡眠不足足以增加健康成年人肠道菌群失调的风险，进而影响自身的代谢和健康。这也就是说，不单单是你自己需要睡眠，寄居在你肠道内的微生物同样也需要一定的休息时间。

5. 关注膳食纤维

研究表明，膳食纤维会降低身体被一些微生物感染的概率。每顿饭要记得吃一点膳食纤维，例如芭蕉、腰果，这些都是良好的膳食纤维来源，当然，最直接的方式是服用一点益生元。

6. 保持镇定

压力往往会增加肠道疾病症状的严重性，这有可能是因为压力引起了肠道微生物的改变（通过"肠-脑"轴），从而影响到胃肠道的正常功能。

所以在旅行结束时，要保持镇定。一个明智的选择是将每天发生的种种意外和焦虑统统抛在脑后，使自己处于一个相对放松的环境中，如欣赏落日、在海边漫步或者闭目沉思。

本章小结

看完这一章，相信你对肠道年龄会有一个更加深刻的认识。时光流逝，我们无法阻止自己变老，但是我们有办法不让"老"伴随着"衰"，老而不衰、肠道健康可能是实现健康老年化的一个有效途径。因为肠道健康与生活健康息息相关，并且受环境的影响。季节的更替、情绪的变化、地域的改变都时刻改变着人体的肠道微生物，这些微生物的改变也会通过它们特有的方式影响着人体健康，所以人体健康要从"肠"计议。

参考文献

［1］Bletz M C, Goedbloed D J, Sanchez E, et al. Amphibian gut microbiota shifts differentially in community structure but converges on habitat-specific predicted functions［J］. Nature Communications, 2016, 7: 13699.

［2］Bonaz B L, Bernstein C N. Brain-gut interactions in inflammatory bowel disease［J］. Gastroenterology, 2013, 144（1）: 36-49.

［3］Bosch A A T M, de Steenhuijsen Piters W A A, van Houten M A, et al. Maturation of the infant respiratory microbiota, environmental drivers, and health consequences. A prospective cohort study［J］. American Journal of Respiratory and Critical Care Medicine, 2017, 196（12）: 1582-1590.

［4］Brüssow H, Parkinson S J. You are what you eat［J］. Nature Biotechnology, 2014, 32（3）: 243-245.

［5］David L A, Maurice C F, Carmody R N, et al. Diet rapidly and reproducibly alters the human gut microbiome［J］. Nature, 2014, 505（7484）: 559-563.

［6］Descamps H, Thaiss C A. Intestinal tolerance, with a little help from our microbial friends［J］. Immunity, 2018, 49（1）: 4-6.

［7］De Vadder F, Kovatcheva-Datchary P, Goncalves D, et al. Microbiota-generated metabolites promote metabolic benefits via gut-brain neural circuits［J］. Cell, 2014, 156

（1-2）：84-96.

［ 8 ］ Dinan T G, Cryan J F. Gut-brain axis in 2016: brain-gut-microbiota axis-mood, metabolism and behaviour ［ J ］. Nature Reviews Gastroenterology & Hepatology, 2017, 14（2）: 69-70.

［ 9 ］ Eisenstein M. Microbiome: Bacterial broadband ［ J ］. Nature, 2016, 533（7603）: S104-S106.

［ 10 ］ Fung T C, Olson C A, Hsiao E Y. Interactions between the microbiota, immune and nervous systems in health and disease ［ J ］. Nature Neuroscience, 2017, 20（2）: 145-155.

［ 11 ］ Hsiao E Y, McBride S W, Hsien S, et al. Microbiota modulate behavioral and physiological abnormalities associated with neurodevelopmental disorders ［ J ］. Cell, 2013, 155（7）: 1451-1463.

［ 12 ］ Konturek P C, Brzozowski T, Konturek S J. Stress and the gut: pathophysi-ology, clinical consequences, diagnostic approach and treatment options ［ J ］. J. Physiol. Pharmacol., 2011, 62（6）: 591-599.

［ 13 ］ Montiel-Castro A J, Gonzá lez-Cervantes R M, Bravo-Ruiseco G, et al. The microbiota-gut-brain axis: neurobehavioral correlates, health and sociality ［ J ］. Frontiers in Integrative Neuroscience, 2013,（7）: 70-72.

［ 14 ］ Pamer E G. Resurrecting the intestinal microbiota to combat antibiotic-resistant pathogens ［ J ］. Science, 352（6285）: 535-538.

［ 15 ］ Pinto-Sanchez M I, Hall G B, Ghajar K, et al. Probiotic *Bifidobacterium longum* NCC3001 reduces depression scores and alters brain activity: a pilot study in patients with irritable bowel syndrome ［ J ］. Gastroenterology, 2017, 153（2）: 448-459.e8.

［ 16 ］ Rothschild D, Weissbrod O, Barkan E, et al. Environment dominates over host genetics in shaping human gut microbiota ［ J ］. Nature, 2018, 555（7695）: 210-215.

［ 17 ］ Sarkar A, Lehto S M, Harty S, et al. Psychobiotics and the manipulation of bacteria-gut-brain signals ［ J ］. Trends in Neurosciences, 2016, 39（11）: 763-781.

［ 18 ］ Schmidt C. Mental health: thinking from the gut ［ J ］. Nature, 2015, 518: 7540-7544

［ 19 ］ Slyepchenko A, Maes M, Jacka F N, et al. Gut microbiota, bacterial translocation, and interactions with diet: pathophysiological links between major depressive disorder and non-communicable medical comorbidities ［ J ］. Psychotherapy and Psychosomatics, 2017, 86（1）: 31-46.

［20］Smits S A, Leach J, Sonnenburg E D, et al. Seasonal cycling in the gut microbiome of the Hadza hunter-gatherers of Tanzania［J］. Science, 2017, 357（6353）: 802−806.

［21］Sonnenburg E D, Smits S A, Tikhonov M, et al. Diet-induced extinctions in the gut microbiota compound over generations［J］. Nature, 2016, 529（7585）: 212−215.

［22］Sonnenburg J L, Bäckhed F. Diet-microbiota interactions as moderators of human metabolism［J］. Nature, 2016, 535（7610）: 56−64.

［23］Sonnenburg J L, Xu J, Leip D D, et al. Glycan foraging *in vivo* by an intestine-adapted bacterial symbiont［J］. Science, 2005, 307（5717）: 1955−1958.

［24］Strati F, Cavalieri D, Albanese D, et al. New evidences on the altered gut microbiota in autism spectrum disorders［J］. Microbiome, 2017, 5（1）: 24−26.

［25］Wong M L, Inserra A, Lewis M D, et al. Inflammasome signaling affects anxiety-and depressive-like behavior and gut microbiome composition［J］. Molecular Psychiatry, 2016, 21（6）: 797−805.

［26］Zheng P, Zeng B, Zhou C, et al. Gut microbiome remodeling induces depressive-like behaviors through a pathway mediated by the host's metabolism［J］. Molecular Psychiatry, 2016, 21（6）: 786−796.

三、糖尿病的"幕后推手"

当你胡吃海喝、追求口腹之欲时，是否考虑过肠道细菌的感受？我相信大部分读者在还没有读到本书前，都会忽略它们的感受。"菌宝宝"们的需求得不到满足，后果是很严重的。这不是危言耸听，更不是长"菌宝宝"的志气，灭自己的威风。肠道中的"菌宝宝"们不高兴了，它们中的史氏甲烷短杆菌、厚壁菌就会发难，通过提高食物的利用率，造成人体内脂肪聚积的增加。短时间内体重的增加会让你告别完美身材，这算是它们对主人的一个善意提醒。如果这时候您还是忽略它们的感受，这些"菌宝宝"们就要"放大招"了，它们会让你在不知不觉中患上一种可怕的富贵病——糖尿病。

其实吧，你也别太焦虑。我们身体里的这群"菌宝宝"，都是"顺毛驴"。什么意思呢？如果你在平时能多关心它们，照顾到它们的需求，它们就会很乖，会默默地为我们的健康贡献力量。如果你粗枝大叶，对它们的感受不管不问，那么糖尿病只是它们宣示自己存在的一种方式，所以我们需要对它们有一个全面的认识。

（一）鸡生蛋，蛋生鸡

1. 什么是糖尿病

鸡生蛋和蛋生鸡的问题很难回避，也很难回答清楚。所以先把这个问题放一放，先从糖尿病说起。什么是糖尿病？当患者拿到糖尿病诊断报告的时候，医生通常都会告知他患的究竟是 1 型糖尿病（type 1 diabetes mellitus，简称 T1DM）还是 2 型糖尿病（type 2 diabetes mellitus，简称 T2DM）。

那么这两种糖尿病有什么区别呢？1 型糖尿病，也称幼年糖尿病或胰岛素依赖型糖尿病，是糖尿病的一种类型。它与 2 型糖尿病的发病机理完全不同，属于自身免疫性疾病，可能是由于基因或自身免疫系统造成胰岛 β 细胞损伤，导致体内胰岛素缺乏，进而使血液和尿液中的葡萄糖增加。典型的 1 型糖尿病发病症状包括多尿、口渴、易饿以及体重减轻。2 型糖尿病也称非胰岛素依赖型糖尿病或成人发病型糖尿病，是一种代谢类疾病。特征为高血糖，主要由胰岛素抵抗及胰岛素相对缺乏引起。2 型糖尿病的典型病症为多尿症、多饮症以及多食症（图 2-15）。

以上说了一堆概念性的文字，你是不是晕了？不过没关系，笔者接下来将上面的东西进行归纳总结，变成秒懂内容。1 型糖尿病患者体内不能合成胰岛素，2 型糖尿病患者体内胰岛素合成能力并非完全丧失，但是触发胰岛素合成工作的开关坏了。这下你明白两者的本质区别了吧。

知道了什么是糖尿病了，那么糖尿病为什么那么可怕，它对人体健康的危害到底有哪些？一般来讲，人体都存在"正""反"两套调控体系。血糖调控也存在两个调控体系：一个是负责升高血糖的，一个是负责降低血糖的，它们的成

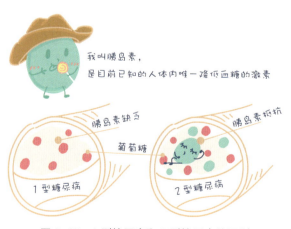

图 2-15　1 型糖尿病和 2 型糖尿病的区别

员种类数量却差距非常大。人体内降低血糖的激素只有胰岛素一种，但它的"死对头"——升高血糖的激素可不少。因此，在降糖作用上，胰岛素简直是孤军奋战。这样很容易出现一拳难敌四手的状态，尤其是在胰岛素相关代谢通路上出现问题的时候，就会出现血糖一边倒的局面，这就是糖尿病发生的大背景。血糖的调节失控本身不会对身体造成致命损伤，但是其所伴随的并发症，包括心脑血管疾病、视网膜病变、糖尿病肾病、糖尿病足，等等，致死率、致残率较高。持续的高血糖状态会导致心血管、眼、肾及神经系统病变，发生感染的概率也会增高（图 2-16）。

2. 糖尿病的"幕后推手"——肠道菌群

　　介绍完糖尿病，下一步就慢慢地靠近最近发现的"幕后推手"——肠道菌群。前面一直说过，肠道菌群主要分布在肠道里，对人体消化吸收剩下的部分进行发酵再生产，与人的营养和免疫密切相关。糖尿病的核心特征是高血糖，产生的原因是胰岛素分泌不足或者组织器官胰岛素受体产生胰岛素抵抗，或者两者兼有。乍一看，肠道菌群与糖尿病并无联系。早在 2012 年，就有大量的研究显示，糖尿病患者的肠道菌群与健康人有较大差异。有研究人员对 345 位 2 型糖尿病中国患者的肠道菌群进行宏基因组测序和分析，鉴定并验证了 6 万个与 2 型糖尿病相关的标记。结果发现，2 型糖尿病患者的肠道菌群有中等程度的紊乱，一些产丁酸菌（肠罗氏菌和普拉粪杆菌等）降低，而条件致病菌（类拟杆目、梭菌目、大肠杆菌和脱硫弧菌属）则升高。从功能角度来看，2 型糖尿病与正常人体的肠道菌群的差别体现在糖的膜转运、氧化应激反应、支链氨基酸的转运和硫酸盐还原等功能基因的富集，丁酸生物合成相关基因的减少。

　　针对中国人群和欧洲人群的

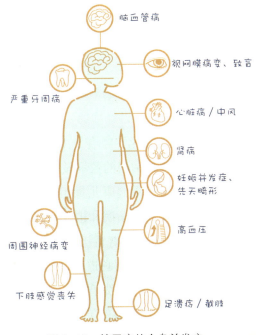

图 2-16　糖尿病的全身并发症

（图中标注：脑血管病、视网膜病变·致盲、严重牙周病、心脏病／中风、肾病、妊娠并发症·先天畸形、周围神经病变、高血压、下肢感觉丧失、足溃病／截肢）

肠道菌群的研究发现，来自不同地域的 2 型糖尿病患者肠道菌群也有天壤之别。中国人群研究显示，2 型糖尿病患者肠道菌群中产丁酸菌减少，而潜在致病菌增多；欧洲人群研究显示，2 型糖尿病患者肠道菌群中挑剔真杆菌和小肠拟杆菌减少，梭状梭菌增多。

　　随着研究的深入，关于 1 型糖尿病患者的肠道菌群的研究也被各国科研人员重视起来。1 型糖尿病是一种常见的自身免疫疾病。研究发现，1 型糖尿病患者肠道菌群较健康对照组显著改变，与血糖代谢明显相关的有益菌比例降低及菌种多样性减少。药物治疗在改善病情的同时，也有助于肠道菌群结构及功能趋于正常。肠道菌群失调可能通过破坏肠道黏膜屏障及扰乱免疫功能参与 1 型糖尿病患者的发展（图 2-17）。

图 2-17　糖尿病易感人群发病前肠道菌群多样性降低

　　2015 年的一项微生物组纵向研究观察了婴儿肠道菌群多样性的动态变化对糖尿病易感性的影响。这个研究通过对 33 个易感 1 型糖尿病婴儿的肠道微生物进行检测，发现他们发病之前都出现了肠道微生物多样性的降低，已知促进肠道健康的菌种发生不成比例的降低，而肠道微生物的代谢通路以及高丰度种的菌株组成是稳定的。微生物多样性降低发生在血清转化之后。另外，在 1 型糖尿病患者发作之前，炎症组织和通路就已经增加。

　　与正常的儿童相比，患有 1 型糖尿病儿童的肠道菌群中放线菌和厚壁菌的数量显著降低，而拟杆菌门的数量显著升高，拟杆菌 / 厚壁菌的比例显著升高。患有 1 型糖尿病儿童与正常健康儿童相比，肠道菌群在属的水平上显著升高的有梭状芽孢杆菌属、韦荣氏球菌属和拟杆菌属，显著降低的有乳酸杆菌属、双歧杆菌属、劳特氏菌 / 直肠真杆菌和普雷沃氏菌属。

　　既然糖尿病患者体内肠道菌群的组成结构与健康人具有很多差异，那么接下来不可避免地又回到了"先有鸡，还是先有蛋"的问题上。可以将这个问题引申为到底是肠道菌群异常引发了糖尿病，还是糖尿病的发病导致了肠道菌群异常？科学发展到现在这个层次，仍然无法回答这个问题。关于肠道菌群异常和糖尿病发生的先后的问题，自然也是没有一个肯定的答案。根据现有的证据，它们两者之间似乎存在一种相互影响、相互促进的微妙关系。

（二）肠道菌群干预糖尿病的手段

既然已经知道糖尿病和肠道菌群关系"匪浅"，那么，肠道菌群究竟使用了什么样的"手段"来促使糖尿病发病呢？

肠道菌群影响糖尿病的途径有很多种：肠道菌群可以通过它们的代谢产物，影响机体的血糖平衡；肠道菌群也可以通过与免疫系统协作，间接地影响机体的血糖平衡；此外，它们还可以通过"脑－肠"轴，对大脑施加压力，影响与血糖平衡有关的激素分泌，或者通过大脑直接控制饮食。所以肠道菌群通过"软硬兼施"的"手段"，从多方面来影响糖尿病的发生与发展，让人防不胜防（图 2-18）。

亚历山德拉·普杜（Alessandra Puddu）等指出，短链脂肪酸是肠道菌群影响糖尿病的关键分子。短链脂肪酸也称挥发性脂肪酸（volatile fatty acids，简称 VFA），指的是碳原子数为 1 ~ 6 的有机脂肪酸，包括甲酸、乙酸、丙酸、异丁酸、丁酸、异戊酸、戊酸和己酸。其中，乙酸、丙酸和丁酸在肠道中占了较大比例，合计达 90% ~ 95%。短链脂肪酸对于维持大肠的正常功能和结肠上皮细胞的形态和功能具有重要作用。短链脂肪酸可以通过多种方式影响糖尿病的发生和发展：直接作用于胰岛 β 细胞促进胰岛素的分泌；通过作用于肠道 L 细胞促进胰高血糖素样肽 -1（glucagon-like peptide 1，简称 GLP-1）的分泌；间接作用于胰岛 β 细胞，通过提升组织的胰岛素敏感性以促进血糖的吸收等。此外，短链脂肪酸还可以通过调节体内的炎症应答来调节血糖平衡。

那么，短链脂肪酸是从哪里来的呢？人体中的短链脂肪酸主

图 2-18　肠道的横截面

要是由结肠微生物发酵未被消化的膳食纤维而产生的，最终的产量和组成受到肠道菌群和饮食两个因素的调控。研究表明，高脂饮食可抑制短链脂肪酸的产生，而可发酵的膳食纤维则可促进短链脂肪酸的产生。在相同饮食的情况下，不同的肠道菌群组成会影响短链脂肪酸的产量和比例。因此，通过饮食的调整干预糖尿病的发生和发展，是治疗糖尿病的行之有效且有科学依据的方法。

（三）射人先射马，擒贼先擒王

除了药物控制，饮食控制对糖尿病患者来说也尤为重要。现在有一个误区，既然不能吃那些升血糖的食物，那么我就尽量少吃东西，让自己始终处于饥饿的状态，这样的话是不是体内有点血糖就会立马被利用掉了？要回答这个问题之前需要先了解体内血糖的来源渠道。一般来说有 3 个主要渠道：正常是将食物中的糖类转化成葡萄糖；当饥饿时，人体为了保障能量的供应，就从"仓库"——肝脏及肌肉中提取糖原，糖原经分解变成葡萄糖；一旦糖原不能保证能量的供应，就要动用"老本"了，即分解脂肪与蛋白质，通过糖原异生作用制造葡萄糖，以供机体的需要。所以上述那种方法是非常不可取的，吃得过少，不仅血糖可能增加，出现"饥饿型高血糖"现象，而且这种方式会对身体造成更大的伤害。所以糖尿病患者的饮食调控一定要做到定时、定量。有一种说法：要求患者计算出自己每天需要的热量，平均分配到三餐中。需要加餐的时候就从正餐中分出一两份，需要多少热量就吃多少。每天固定时间进餐、加餐，让胰岛素分泌保持规律，避免胰岛素分泌延后或提前，造成血糖波动。主食的热量要确保达到全天需要热量的60%。这些说得简单，但是要每天都做到，其实非常难。即便如此，也不是每个患者的血糖都能够得到有效的控制。

你身边一定有这样的人，天天控制饮食却不能减肥成功，有的人暴饮暴食却仍然很瘦，这种情况通常被形容为体质不同。在糖尿病患者里也有这样的情况，有的人是大胖子，有的人却很瘦；有的人嗜糖如命，有的人却恨不得一粒糖都不碰。每个人的情况是不一样的，体内的肠道菌群也有相应的个体差异。

纵观其他现有的研究数据，在不同科研结果和临床证据中，即使在相同的处理条件下，也存在着许多的相左之处。已经被广泛认可的是，在同样的治疗条件下，由于每个患者的身体情况、饮食习惯、运动量等方面的差异，其体内的肠道菌群和血糖控制水平都不尽相同。近年来，在相同的饮食条件下，肠道菌群的个体化差异现象也在被广泛地报道。

其中，最为有名的莫过于"全麦饮食之争"了。在追求健康饮食的当今社会，我们经常会听到，"要健康，就吃全麦面包"。2016 年，美国哈佛大学的马克·佩雷拉（Mark Pereira）等对全麦饮食对超重或肥胖的成年人的影响进行了评价。研究发现，食用富含全麦的食物（如燕麦和大麦）后，胰岛素水平下降了 10%，血糖水平轻度下降，且这与体重无关。研究显示，纤维素能延缓糖向血液中释放，而较低的血糖水平也就不需要很多的胰岛素释放到血液。体内较低水平的胰岛素暴露会使细胞保持一定的胰岛素敏感性，反之持续性高水平胰岛素暴露则会降低这种敏感性。据此，佩雷拉博士提出，全麦食品也许能对细胞的胰岛素敏感性产生积极的影响，从而降低 2 型糖尿病和心脏病的发生风险。

然而，随着肠道菌群研究的发展，传统的观念受到了颠覆。《细胞》杂志上最新发表的一篇文章中提到，吃白面包还是吃全麦面包更健康，其实因人而异。该研究中，将受试者随机分为 2 组，分别食用 1 周的全谷物面包或白面包，隔 2 周后，组员交换食用另一种面包，检查餐后血糖反应。结果发现，对于一部分人而言，相比于吃全麦面包，吃白面包血糖升得更高；但对于另一部分人，吃全麦面包比白面包血糖升得更高。在此之前，从没人怀疑过个体之间的差异会如此之大。因为从来没有人进行过这么大规模的受控试验。目前的研究结果显示，同一食物的人体血糖转化水平（血糖指数）的高低也受个体差异的影响。

为什么会有这种现象呢？深度分析发现，原来是肠道菌群在起作用！肠道菌群的分布及其代谢产生的化学物质差异，可能是影响餐后血糖反应的根本原因。通过检测患者的肠道微生物组成和结构，就可以预测哪种食物有利于他的健康。也就是说，肠道菌群才是关键，要想控制糖尿病就必须先控制糖尿病患者的肠道菌群，就是咱们祖先所说的"射人先射马，擒贼先擒王"的道理。每个人体内肠道菌群的组成都是不一样的，所以自然也不存在适用于所有人群的"健康有效食物"，对于糖尿病患者的膳食推荐必须是个性化的，特别是对糖尿病患者的主食推荐，应该先试一试哪种食物或饮食模式更适合患者本人。

值得高兴的是，虽然基因不可改变，但肠道菌群的组成却可以改变。如果人们不幸发现自己最喜欢的食物会造成血糖浓度飙升，可通过调整肠道菌群的组成来改变这一点。健康人群的肠道菌群多样性良好，肠道菌群的组成是可以改变的，只要选择肠道菌群喜欢的食物。所以问题的核心又落在了如何对糖尿病患者的血糖进行精准预测。如果在以前，恐怕虽然有好的想法，也无法实现。但是现在不同了，随着大数据和人工智能（机器学习）技术在各行各业中得到很好的应用（图2-19），我们也可以利用这些技术对人体肠道菌群与血糖升高的关系进行预测。将来我们只要采集糖尿病患者的一点粪便标本，就能从中读取他们适合吃什么样的食物，不适合吃什么样的食物，这将会给糖尿病患者的饮食控制带来极大的方便。

图2-19　基于大数据与机器学习的精准膳食

（四）精准膳食控制

现在，已经得到公认的是，糖尿病的饮食干预和药物治疗同等重要。随着科学的进步，人们逐渐认识到，对糖尿病患者的治疗不能"一刀切"，制订并实施个性化的饮食计划是十分重要的。糖尿病的饮食治疗可在同等条件下最大限度地指导患者的饮食，让每一位患者能结合自身情况，对自身能量的需要量以及吃什么、吃多少、怎么吃有一定的概念，从而辅助患者更有效、更直观地控制血糖。

那么，如何通过食物来调控肠道菌群及其代谢产物呢？比较直接的做法是直接进行益生菌的干预，因为益生菌的生长繁殖需要适宜的环境，所以它们的培养基——益生元也十分重要。此外，膳食纤维、微量元素等的摄取调节也十分重要，这就要求食物的搭配具有科学性。显然，人体肠道是一个复杂的生态系统，调节也不是简单的事情。

1. 益生菌

益生菌能够通过饮食或者补充剂的形式进入身体，并在身体中发挥有益于宿主健康的作用。提起益生菌，大家最熟悉的莫过于双歧杆菌和乳酸杆菌。动物实验表明，适度地补充益生菌可以改善 2 型糖尿病症状。补充干酪乳杆菌则可延缓非肥胖型糖尿病小鼠及四氧嘧啶糖尿病小鼠的发病时间。此外，喂食含有嗜酸乳杆菌 NCDC14 和干酪乳杆菌 NCDC19 的发酵乳制品，可以改善老鼠对糖的耐受能力，降低其体内低密度脂蛋白、极低密度脂蛋白及三酰甘油的水平。

2. 膳食纤维

益生元被定义为不易被消化的组合食物，它们通过选择性的刺激一种或有限数量的结肠内细菌的生长或活力，对宿主产生有益作用。膳食纤维就是这种食物中的一种。食用不易被消化的多糖可以降低患糖尿病的风险，这可能是通过改变结肠纤维发酵产生的短链脂肪酸的物理性质和比例来起作用。卡尼（Cani）等人发现，使用益生元可以改善高脂饮食诱导的小鼠糖尿病症状。给这种动物模型补充低聚果糖可以改善它们的糖耐量，降低血浆中的促炎细胞因子 IL-6 和 IL-1 的水平。有趣的是，高脂饮食会改变盲肠内菌群的构成，可以降低盲肠内双歧杆菌的种群数量。在对照动物饮食配方中增加低聚果糖而不增加纤维素，可以增加肠道内双歧杆菌的数目。动物实验表明，肠内双歧杆菌的含量越高，小鼠出现胰岛素抵抗的概率就越低。因此，科研人员推测双歧杆菌也许参与了糖尿病发生和发展的过程。其他可以增加肠内双歧杆菌数量的食物成分是否可以用于治疗糖尿病，需要进一步的研究。

3. 其他食物成分

除了不易消化的纤维素，其他食物成分也可以影响肠道菌群的组成和功能。存在于发酵食品咖啡和茶中的绿原酸，可被肠道菌群大量代谢。塔古里（Taguri）等人证明，茶多酚表没食子儿茶素-3-没食子酸酯具有抗菌活性，可以在体外抑制经食物传播的多种细菌的生长。对于长期食用含有这种成分的食物是否可以改变肠道菌群的功能，仍需更多的人群数据支持。

4. 营养搭配

此外，不同的饮食营养搭配可能有不同的效果，如 Ma-Pi 2 饮食。Ma-Pi 2 饮食是马里奥·皮亚内西（Mario Pianesi）博士专门为糖尿病患者设计的一种饮食模式，这种饮食主要是由 40% ~ 50% 的全谷物（如大米、谷子和大麦）、35% ~ 40% 蔬菜（如胡萝卜、卷心菜、菊苣、洋葱、红萝卜等）和 8% 的豆类（小豆、鹰嘴豆、扁豆、黑豆）组成。一项 2016 年的研究表明，Ma-Pi 2 饮食或可用于对抗糖尿病。研究中，将 2 型糖尿病患者分为两组，1 组食用富含膳食纤维的 Ma-Pi 2 饮食，另一组食用意大利专业协会推荐的 2 型糖尿病患者的饮食，作为对照。研究发现，两种饮食对调节 2 型糖尿病患者的肠道菌群都有效，都提高了肠道菌群的多样性并恢复了产生短链脂肪酸细菌的平衡，但是选择 Ma-Pi 2 饮食的 2 型糖尿病患者肠道中抑制促炎症反应的细菌减少。

结合生物学、遗传学和营养学各方面的研究情况和临床案例来看，高脂肪餐、肥胖、肠道菌群失调可能是糖尿病及其相关疾病发病的主要原因。干预肠道菌群、保持人体微生态平衡，可能是今后防治糖尿病的重要手段。例如，当前通过肠道化学合成的激动剂（可以模拟体内天然配体与特定细胞受体结合）与脂肪细胞表面的短链脂肪酸受体结合，能够引发脂肪细胞内部的一系列级联反应，最终改善机体的胰岛素抵抗，使血糖得以控制。当前，研究人员已经开始针对这一途径研发新药。胆汁酸螯合剂能够调节血糖水平，其潜在调控机制也可能与肠道菌群有关。因此，未来科学、合理的个性化饮食结合临床药物治疗将更加有利于糖尿病的防治。这就需要人们更加科学地认识自己，而不是盲目地跟风。

5. 机器学习算法

以色列西格尔（Segal）研究团队在《细胞》杂志上发表的论文指出，大规模数据收集分析可以有助于制订更加精准、个性化的膳食计划。研究者分析了 3 组不同的数据。其中，第一组数据来自 800 名志愿者。他们每天第一顿饭食用 4 套标准化食品中的一种，其余时间正常饮食。研究者采集了他们的血样、粪便，以获取血糖、肠道菌群等多项数据，并使用调查问卷、App 等形式收集食物、锻炼以及睡眠数据，数据收集持续一周。通过分析标准化饮食的数据，发现即便食用同样的食品，不同人的反应依然存在巨大差异。这表明，过去通过经验得出的推荐营养摄取从根本上就有漏洞。

通过收集受试者的血样、肠道菌群、测量学指标以及餐后血糖含量数据，研究者利用人工智能大数据——机器学习算法，寻找餐后血糖变化与受试者的基因和肠道菌群之间的关联性，并成功利用该算法实现了对食用标准化食物的人群的血糖反应预测，这一发现将有助于指导糖尿病患者和患糖尿病高风险人群的日常膳食。随后，研究者在第二组人群上（100名志愿者）验证机器学习得出的预测模型，效果非常理想。

那么机器学习得出的模型能否运用于实际指导健康饮食呢？研究者在第三组人群上（26名志愿者）进行双盲试验。研究者根据每位志愿者的血样、微生物组数据、人体测量学制订了个性化膳食计划。其中，试验组12名志愿者，使用机器学习算法的建议；对照组14名志愿者，采用医生和营养专家的建议。膳食计划也分为两种，一种被设计用于控制血糖水平，另一种则相反。每组志愿者均严格遵照建议饮食两周，一周进行"健康饮食"，另一周践行"不健康饮食"，并比较结果。最终的研究结果表明，机器学习算法给出了更精准的营养学建议，成功地控制了餐后血糖水平，结果优于传统的专家建议！这为机器学习以及精准营养学打开了一扇大门，同时这篇论文也登上了当期《细胞》杂志的封面（图2-20）。

图2-20 精准健康与预测的研究思路

科学技术让肠道菌群的监测和调控不再遥远。现在，越来越多的公司和机构开始尝试收集大规模数据，并运用大数据来分析研究营养、行为、肠道细菌等因素与健康的关系。这将帮助我们更好地辨别哪些变量才是真正重要的，以及这些变量对不同疾病、健康状态以及行为模式的影响。虽然困难与挑战不容低估，但人类终将会进入精准营养时代。或许可以畅想，未来每个人都可以像称体重、测血压一样，实时了解自己的肠道菌群情况和对应的健康隐患，并能实时查阅到该摄取何种食物，真正做到"吃有用的食物、吃机体真正需要的食物"。或许那时，人类对自己的身体才真正有了控制权。

本章小结

　　随着人们生活水平的提高、人口老龄化以及肥胖发生率的增加，糖尿病的发病率呈逐年上升的趋势。据统计，中国已确诊的糖尿病患者达4000万，并以每年100万的速度递增。糖尿病及其并发症给患者及其家庭带来了严重的负担。因此，如何有效地控制糖尿病病情的发展显得尤为重要。虽然对于糖尿病患者来说控制饮食尤为重要，但是这种控制对于不同人群的效果是不同的，也没有一个统一的标准去建议患者如何吃。随着科研人员发现肠道菌群可能是重要的"幕后推手"，以及大数据、机器学习等技术的成熟应用，这种尴尬局面得以改善。相信在不久的将来，人们可以轻松地实现个性化饮食干预，这将为广大的糖尿病患者带来福音。

参考文献

［1］Bradley C A. Gut microbiota: trust your gut-metformin and diabetes［J］. Nature Reviews Endocrinology, 2017, 13（8）: 440-444.

［2］Demmer R T, Breskin A, Rosenbaum M, et al. The subgingival microbiome, systemic inflammation and insulin resistance: the oral infections, glucose intolerance and insulin resistance study［J］. Journal of Clinical Periodontology, 2017, 44（3）: 255-265.

［3］Fang W, Wei C C. The effect on gut microbiota structure of primarily diagnosed type 2 diabetes patients intervened by sancai lianmei particle and acarbose: a randomized controlled trial［J］. J. Clin. Trials, 2016,（6）: 270-274.

［4］Forslund K, Hildebrand F, Nielsen T, et al. Disentangling type 2 diabetes and metformin treatment signatures in the human gut microbiota［J］. Nature, 2017, 545（7652）: 116-119.

［5］Ganesan S M, Joshi V, Fellows M, et al. A tale of two risks: smoking, diabetes and the subgingival microbiome［J］. The ISME Journal, 2017, 11（9）: 2075-2089.

［6］Gary S R, Woo K Y. The biology of chronic foot ulcers in persons with diabetes［J］. Diabetes Metab. Res. Rev., 2008, 24（S1）: S25-S30.

［7］Hartstra A V, Bouter K E, Bäckhed F, et al. Insights into the role of the microbiome in obesity and type 2 diabetes ［J］. Diabetes Care, 2015, 38 (1): 159−165.

［ 8 ］ Heintz-Buschart A, May P, Laczny C C, et al. Integrated multi-omics of the human gut microbiome in a case study of familial type 1 diabetes ［J］. Nature Reviews Microbiology, 2016, (2): 16227−16229.

［ 9 ］ Holmes D. Gut microbiota: antidiabetic drug treatment confounds gut dysbiosis associated with type 2 diabetes mellitus ［J］. Nature Reviews Endocrinology, 2016, 12 (2): 61−66.

［ 10 ］ Hänninen A, Toivonen R, Pöysti S, et al. Induces gut microbiota remodelling and controls islet autoimmunity in NOD mice ［J］. Gut, 2018, 67 (8): 1445−1453.

［ 11 ］ Knip M, Siljander H. The role of the intestinal microbiota in type 1 diabetes mellitus ［J］. Nature Reviews Endocrinology, 2016, 12 (3): 154−167.

［ 12 ］ Komaroff A L. The microbiome and risk for obesity and diabetes ［J］. JAMA, 2017, 317 (4): 355−356.

［ 13 ］ Korem T, Zeevi D, Zmora N, et al. Bread affects clinical parameters and induces gut microbiome-associated personal glycemic responses ［J］. Cell Metabolism, 2017, 25 (6): 1243−1253.

［ 14 ］ Kostic A D, Gevers D, Siljander H, et al. The dynamics of the human infant gut microbiome in development and in progression toward type 1 diabetes ［J］. Cell Host & Microbe, 2015, 17 (2): 260−273.

［ 15 ］ Livanos A E, Greiner T U, Vangay P, et al. Antibiotic-mediated gut microbiome perturbation accelerates development of type 1 diabetes in mice ［J］. Nature Reviews Microbiology, 2016, 1 (11): 16140−16144.

［ 16 ］ Mardinoglu A, Boren J, Smith U. Confounding effects of metformin on the human gut microbiome in type 2 diabetes ［J］. Cell Metabolism, 2016, 23 (1): 10−12.

［ 17 ］ McDonald D, Glusman G, Price N D. Personalized nutrition through big data ［J］. Nature Biotechnology, 2016, 34 (2): 152−154.

［ 18 ］ Meijnikman A S, Gerdes V E, Nieuwdorp M, et al. Evaluating causality of gut microbiota in obesity and diabetes in humans ［J］. Endocrine Reviews, 2018, 39 (2): 133−153.

［ 19 ］ Musso G, Gambino R, Cassader M. Interactions between gut microbiota and host metabolism predisposing to obesity and diabetes ［J］. Annual Review of Medicine, 2011, (62): 361−380.

[20] Musso G, Gambino R, Cassader M. Obesity, diabetes, and gut microbiota: the hygiene hypothesis expanded [J]. Diabetes Care, 2010, 33 (10): 2277–2284.

[21] Qin J, Li Y, Cai Z, et al. A metagenome-wide association study of gut microbiota in type 2 diabetes [J]. Nature, 2012, 490 (7418): 55–60.

[22] Sun J, Furio L, Mecheri R, et al. Pancreatic β-cells limit autoimmune diabetes via an immunoregulatory antimicrobial peptide expressed under the influence of the gut microbiota [J]. Immunity, 2015, 43 (2): 304–317.

[23] Tilg H, Moschen A R. Microbiota and diabetes: an evolving relationship [J]. Gut, 2014, 63 (9): 1513–1521.

[24] Turnbaugh P J, Backhed F, Fulton L, et al. Diet-induced obesity is linked to marked but reversible alterations in the mouse distal gut microbiome [J]. Cell Host Microbe, 2008, 3 (4): 213–223.

[25] Ussar S, Griffin N W, Bezy O, et al. Interactions between gut microbiota, host genetics and diet modulate the predisposition to obesity and metabolic syndrome [J]. Cell Metabolism, 2015, 22 (3): 516–530.

[26] Velmurugan G, Ramprasath T, Gilles M, et al. Gut microbiota, endocrine-disrupting chemicals, and the diabetes epidemic [J]. Trends in Endocrinology & Metabolism, 2017, 28 (8): 612–625.

[27] Wang J, Zheng J, Shi W, et al. Dysbiosis of maternal and neonatal microbiota associated with gestational diabetes mellitus [J]. Gut, 2018, 67 (9): 1614–1625.

[28] Wu H, Esteve E, Tremaroli V, et al. Metformin alters the gut microbiome of individuals with treatment-naive type 2 diabetes, contributing to the therapeutic effects of the drug [J]. Nature Medicine, 2017, 23 (7): 850–858.

[29] Zeevi D, Korem T, Zmora N, et al. Personalized nutrition by prediction of glycemic responses [J]. Cell, 2015, 163 (5): 1079–1094.

[30] Zhao L, Zhang F, Ding X, et al. Gut bacteria selectively promoted by dietary fibers alleviate type 2 diabetes [J]. Science, 2018, 359 (6380): 1151–1156.

第三部分

饮食篇

一、饮食模式与膳食习惯

　　相信大家对诺瓦克·德约科维奇（Novak Djokovic）并不陌生，他被中国网球迷们亲切地称为"小德"。截至 2018 年，小德凭借包括 14 个大满贯、32 个大师系列赛和 5 个年终总决赛在内的 72 项单打冠军，晋级为世界顶级网球选手。很多人所不知道的是，他曾经一度给人们留下体力不佳的印象，在比赛中经常无故晕倒，被迫弃赛。比如，在 2010 年澳大利亚网球公开赛 1/4 决赛时，小德在 2∶1 领先的情况下，出现体力不支的问题，呼吸困难、力量全无，最后丢掉了比赛。无论小德如何努力（增加体能训练、更换教练、还做了鼻腔手术），都无法破除体力不支的魔咒。他的职业生涯似乎已经到达终点，仿佛永远也无法成为像费德勒和纳达尔那样的顶级球员。幸运的是，伊格尔·切托耶维奇博士通过电视转播看到了小德的症状。他断定，是错误的饮食导致了这一切。赛后，伊格尔·切托耶维奇给小德做了一次测试。不出他所料，小德的身体确实有明显的麸质过敏症状。大约每 100 个人中就会有 1 个人出现这种症状。麸质是小麦中的一种蛋白质，它广泛存在于日常的饮食之中。小德之后按照伊格尔·切托耶维奇博士的建议开始改变饮食结构，奇迹也随之诞生。改变饮食习惯 1 年后，小德似乎变成了另外一个人，体能比以前任何时候都好，之前的症状也都没再出现。他在充分了解自己身体的基础上，科学地改变饮食习惯，进而取得了一个又一个辉煌的成绩。从这种意义上讲，饮食习惯的改变确实成就了一个伟大的网球选手。

（一）一个馒头的"奇幻漂流"

俗话说："民以食为天。"吃对生命活动的重要性毋庸置疑，因为食物为人类提供生命活动所必需的营养物质。食物可以给人带来感官上的满足和精神上的愉悦，而从热力学角度来看（图 3-1），食物为机体的有序运转提供所需要的能量。既然吃对于生命如此重要，那么我们就跟随一个馒头，开始一段奇妙的旅程吧。

图 3-1　各种各样的食物

口腔是这个馒头遇到的第一个"关口"。它是一个将食物切割、搅拌、混合的"部门"。口腔里"装备"了 32 颗功能不同的牙齿，负责切割和咀嚼食物。舌头负责将食物进行搅拌混合，同时舌头上"配备"了 1 万多个味蕾，可以感受食物的酸、甜、苦、咸。在咀嚼的时候，口腔里的 3 对唾液腺和许多小唾液腺平均每天释放 1.5 升的弱酸性唾液。而唾液中的淀粉酶能够将馒头中的主要成分——淀粉初步分解成麦芽糖。

经过口腔加工的食物通过吞咽进入胃肠道。在这个过程中它们会遇到一个"景点"，就是悬挂在软腭的小舌（悬雍垂），这个是干什么用的呢？原来它的作用是当你吞咽或者说话的时候，随着软腭向上收缩来封住通往鼻腔的通道。这样就可以防止食物进入呼吸系统。从这个角度来看，进食的时候还是要保持一定的姿势，不要躺着吃东西。如果影响了小舌的正常工作，就很容易发生"挨呛"这种危险又令人尴尬的事情。除了小舌，咱们人体还有一个叫作会厌的器官，也有助于防止食物错误进入气管。

馒头进入胃部后，在胃酸、蛋白酶和凝乳酶的作用下进一步消化。胃酸可以杀死食物表面的细菌，在胃蠕动和酶的作用下馒头被进一步打碎成食糜。胃部的环境可以算得上是恶劣的，目前已知的唯一一种能在胃里存活的微生物，就是"大名鼎鼎"的幽门螺旋杆菌，这种细菌能够导致胃溃疡。

离开胃，"馒头糜"就进入了十二指肠，在这里跟胰液、胆汁结合进一步被降解。小肠表面的绒毛最大限度地扩大了肠道与食物接触的表面积，就是在这里馒头中的营养被尽情地吸收利用。接着，馒头之旅即将步入尾声——进入大肠，在这里一般需要 16 h 才能通过。食物中的营养和水分进一步被吸收利用，最后通过肛门括约肌排出体外。

在整个消化过程中，肠道微生物始终是不得不考虑的一个重要因素。不同的人体内肠道微生物的组成都不同。人体肠道中的微生物数量庞大且组成复杂，有成百上千种细菌。成人结肠内容物中，每 1 毫升中就有 1011 种左右的菌体。它们与宿主进行物质、能量及基因的"交流"，与人体构成超级生物体（superorganism）。在人的整个消化道中，自口腔至直肠都有大量的微生物存在，每克消化液中的微生物数量大约为 1000 株。其中，以革兰阳性的链球菌、乳酸杆菌以及酵母菌为主。进入十二指肠后，由于消化液的增加（如胆汁、胰液）以及食物停留时间短，十二指肠的环境并不利于肠道内的各种微生物的繁衍生存，故在这一区域微生物仅能以极低的数量存在且构成不稳定。进入回肠和空肠后，微生物无论是数量还是种类都开始出现大幅度上升。而在小肠末端，除了乳酸杆菌属以及双歧杆菌属呈数量级水平增长，其他的一些革兰阴性的兼性厌氧细菌（如大肠杆菌科的细菌）以及一些专性厌氧菌群（如拟杆菌和梭杆菌）也开始出现。在回肠以及盲肠之前也有专性厌氧微生物的出现，回肠及盲肠之后的专性厌氧菌的数量是兼性厌氧菌的 100 ~ 1000 倍。

据统计，健康的成年人肠道菌群由 7 个门的细菌组成，这是构成人体肠道微生物的细菌与人体共同进化的结果。其中，人体所反映出来的自然选择压力使肠道菌群趋于稳定，这些自然选择压力包括人体的存货压力和外界的生存条件（如膳食习惯和膳食条件）。因此，对于大多数成年人来说，正常情况下肠道中微生物在门的水平上都是相对稳定的，不同的是体内肠道微生物的构成以及优势菌属。举个例子，人类基因的相似度为 99.9%，但是肠道微生物的相似度却只有 10%，所以即便两个人同时吃同一份食物（数量和种类），他们从这个食物中所吸收的营养素水平也不一样。

（二）膳食模式对肠道微生物的影响

影响人体肠道菌群的因素包括宿主的年龄、生活环境、生理状况和饮食习惯，等等，而膳食因素是影响肠道微生物的重要因素之一。由于膳食模式的不同，不同人群摄取的膳食成分也会存在差异，由此造成肠道微生物的组成、结构与功能存在较大差异。

膳食模式又称膳食结构，与人们居住、生活的地域环境密切相关。膳食模式指的是膳食中各类营养素的数量及其在膳食中所占的比例。作为维持人体肠道菌群和人体之间共生关系的重要组成部分，膳食具有重要的作用：①为肠道菌群繁殖代谢提供多种所需的底物，比如益生元等，可提供肠道菌群发酵所需的底物；②可以帮助调节肠道传输时间，如膳食纤维的摄取可以提高结肠转化率，增加有机酸的产量，从而降低肠道的 pH 值（肠道的 pH 值是影响肠道菌群结构的重要因素）；③膳食中的蛋白质和脂肪等主要成分则可以刺激消化道黏膜、胰腺等组织，分泌相关的消化酶类等，进而间接影响肠道菌群的结构和功能；④膳食中的成分可以刺激胆汁分泌，胆汁又能发挥抗菌作用，从而对肠道菌群的组成结构起到调节作用；⑤膳食还可以影响人体和肠道菌群的相关基因的表达，例如，调节拟杆菌属的糖代谢相关基因的表达等。总的来说，膳食的摄取能够通过多种相关方式影响人类肠道菌群的结构和功能。

不同地域的膳食模式对人体肠道菌群影响到底有多大呢？泰亚赫特（Tyakht）等对俄罗斯人、美国人、丹麦人以及中国人的肠道菌群结构做了分析，发现不同国家居民的肠道菌群结构差异显著。其中，俄罗斯人肠道中的拟杆菌属和普雷沃氏菌属的含量相对于其他国家居民的较低，这主要是由长期膳食模式不同导致的。此外，素食者和喜食肉者的肠道菌群结构也存在明显差异。例如，素食者的肠道菌群以产气荚膜梭菌和多枝梭菌为主，长期高水平食肉者的肠道优势菌为普拉氏梭杆菌。研究发现，节食与自由采食小鼠的肠道菌群结构同样存在显著差异，而且节食小鼠寿命明显延长；与自由采食组相比，节食组小鼠肠道中乳酸杆菌数量显著提高。

在过去的十多年的时间里，各种由饮食习惯不当等因素引发的代谢相关疾病（如超重、肥胖以及 2 型糖尿病等）的发病率持续上升。其中，以 2 型糖尿病为主的代谢类疾病又被认为是由超重以及肥胖引起的全球性代谢疾病。由于这些代谢类疾病患者所处的社会阶层以及生活条件各有不同，所以研究出一种低成本且简单、实用、易操作的干预手段尤为重要。不同的膳食模式如西方膳食模式、地中海膳食模式、日本膳食模式以及素食模式等均会对人体的肠道菌群产生不同的影响。肠道菌群的不同结构和功能又能直接或间接的影响宿主的代谢情况，从而引起不同代谢类疾病的发生或治愈。有序、平衡的肠道菌群结构有利于人体的健康；若肠道菌群结构失调，则可能造成体重增长以及代谢功能障碍。

▶ （三）地中海膳食模式

顾名思义，地中海膳食模式就是地中海地区居民的饮食结构。其中，以意大利以及希腊地区的居民为代表。有关研究统计报告显示，生活在以希腊为代表的地中海沿岸国家（包括葡萄牙、西班牙、法国、意大利等 14 国）的居民，其心脑血管疾病和癌症的发病率、病死率最低，平均寿命更是比西方国家居民高 17%。由此，地中海膳食模式被认为是一种健康的饮食习惯，可以减少心血管疾病和癌症发生的风险。其膳食结构特点：脂肪主要来源为橄榄油；富含全谷物、豆类、水果、蔬菜以及坚果等植物性食物；动物蛋白以鱼类最多，其次为牛肉、鸡以及乳制品等；糖类中水果、薯类加蔬菜所占比例远高于东方的膳食模式；饮酒量高于东、西方，并以红葡萄酒为主。

地中海膳食模式中脂肪供能比例为 25% ~ 35%，其中饱和脂肪酸的占比为 7% ~ 8%。此外，地中海膳食模式中往往富含膳食纤维以及低升糖指数（glycemic index，以下简称 GI，低 GI 指 GI ≤ 55）的食物，这些食物在预防 2 型糖尿病、心血管疾病甚至帮助维持老年认知功能等方面都起到了关键作用。地中海膳食对心脏功能有积极的作用，研究人员利用核磁共振对心脏结构进行了扫描，发现更高的地中海膳食评分对左心室结构和功能有益。这项研究中地中海膳食评分主要是使用自我报告的食物频率问卷，根据水果、蔬菜、坚果、豆类、全谷类、鱼、红

肉、单不饱和脂肪 / 饱和脂肪和酒精等摄取情况进行计算。而通过调查芝加哥南部
4000 名坚持地中海膳食模式的老年人的健康情况，发现地中海膳食模式或许还能
够减缓老年人认知衰退的过程，该研究结果已经发表在《美国临床营养》杂志上。

　　最近有研究发现，那些饮食中富含蔬菜的老年人，比那些不按这种饮食习惯
进食的同龄人脑容量要大。在这项研究中，研究人员选择的入组人员年龄范围较
狭窄、地域较特异，共招募 674 人，平均年龄为 80 岁，他们都居住在纽约曼哈顿
北部相对繁华的区域，并且都没有表现出阿尔茨海默病的症状。这项研究再次说
明，遵循地中海膳食模式的人，其脑部比遵循传统美式饮食习惯的人衰老得慢，
且脑部状态年轻 5 岁。来自哥伦比亚大学的研究人员评论说，脑部测量结果的重
要性相对较小，但是摄取至少 5 种推荐的地中海膳食成分能使脑部年龄年轻 5 岁，
这才是真正有实质性意义的。

　　在地中海膳食模式的影响下，肠道菌群中的拟杆菌门（如普雷沃氏菌属和拟
杆菌属）、厚壁菌门（如链球菌属和乳酸杆菌属）以及双歧杆菌属的数量增加，梭
菌属的数量显著下降。地中海膳食模式为肠道提供了充足的膳食纤维，有助于益
生菌的生长以及肠道总短链脂肪酸的积累，而短链脂肪酸的积累又能够降低肠道内环境的 pH 值，起到了保护肠道黏膜的作用。此外，地中海膳食模式还有助于抑制脂肪的生成，同时具有促进胆固醇的排出、改善胰岛素抵抗以及维持肠道黏膜的完整性等功效（图 3-2）。

图 3-2　地中海饮食结构模式

▶ （四）日本膳食模式

以日本为代表的日本膳食模式是以植物性食物为主、动物性食物为辅，食品多不做精细加工。日本传统膳食模式介于典型的东、西方模式之间。既避免了东方膳食中"三低一高"（低热能、低蛋白、低脂肪、高糖类），又避免了西方膳食中三高一低（高热能、高蛋白、高脂肪、低糖类）饮食的弊端，是世界两大健康膳食模式之一。2013 年，美国糖尿病协会首次认可了日本膳食模式对肥胖以及 2 型糖尿病具有干预效果。这种膳食模式主要以谷类为主。谷类食品中糖类含量高，而糖类又是热能最经济、最主要的来源；丰富的蔬菜以及粗粮的摄取有助于肠道拥有大量的膳食纤维，使消化系统疾病及肠癌的发病率呈现下降趋势；豆类及豆制品的摄取帮助补充一部分优质蛋白质和钙；饮茶、吃水果、少吃甜食减少了糖类的过多摄取；丰富的调料具有杀菌、降脂、增加食欲、帮助消化等诸多功能。

日本厚生劳动省和农业部于 2005 年发布并于 2012 年修订的日本膳食指南陀螺（Japanese dietary guide gyro，以下简称陀螺），在世界所有的膳食指南中首次使用"料理"（即常说的饭菜等）来粗略分类，更易为公众掌握。陀螺一天能量推荐摄取量为（9209 ± 837）kJ，推荐的食物种类包括主食、副菜、主菜、奶制品、水果 5 类，每类计量用份数来表示。主食如米饭、面包、面条等，一日推荐量为 5~7 份，每份含 40 克糖类，一日糖类的摄取量为 200~280 克；副菜是由蔬菜、薯类、豆类、蘑菇、海藻等为主材料制作的菜品，一日推荐量为 5~6 份，每份主材料 70 克，一日主材料的摄取量为 350~420 克；主菜是以肉、鸡蛋、鱼、大豆及其制品为主制作的菜品，一日推荐量为 3~5 份，每份含 6 克蛋白质，一日蛋白质的摄取量为 18~30 克；奶制品主要提供钙，一日推荐量为 2 份，约 200 毫升牛奶或酸奶；水果的一日推荐量为 2 份，约 200 克；陀螺同时强调为支持身体的运行，补充水分或者茶水以及适量运动的重要性，也提出小点心、酒类、甜饮料等的摄取量需要达到膳食限制要求（图 3-3）。

日本膳食模式的实物配比一般为 50%~55% 的全谷物（大米、小米、大麦），35%~40% 的蔬菜（胡萝卜、卷心菜、菊苣、洋葱、芹菜以及甘蓝），8%~10%

图3-3 日本膳食指南陀螺示意

的豆类（红豆、鹰嘴豆、扁豆、黑豆）以及芝麻盐、味噌、日本豆酱、酱油、梅醋、裙带菜、海苔、炒青绿茶饮品。每日的能量摄取一般控制在 7116 ~ 9209 kJ。在该膳食模式下，脂肪的供能比为 16% ~ 18%，蛋白质供能为约 12%，且需要摄取足够的膳食纤维。通过进食菊苣、鹰嘴豆、洋葱以及全谷物食物可以为人体提供充足的益生元。日本豆酱、酱油以及腌菜等已经发酵的食物是益生菌的良好来源，这些都对构建良好的人体肠道菌群有重要作用。同时，这种兼顾了高膳食纤维和低热量的膳食模式造成肠道厚壁菌门数量的减少以及拟杆菌门数量的上升。此外，肠道内总短链脂肪酸水平得到增加，而血脂多糖水平下降，有助于改善人体体重、慢性炎症、2 型糖尿病以及胰岛素抵抗。

（五）西方膳食模式

在所有膳食模式中，西方膳食模式是被广为诟病的一种，以美国、加拿大以及北欧的一些国家为代表（图3-4）。在这种以西方发达国家为代表的膳食模式中，粮谷类食物过少，而动物性食物和粮食占比较大，因而膳食营养上具有高热量、高脂肪（胆固醇）、高蛋白质的"三高"特点。这种膳食模式的优点是动物性食物占有的比例大，优质蛋白质在膳食中所占的比例高；同时，动物性食物中所含的

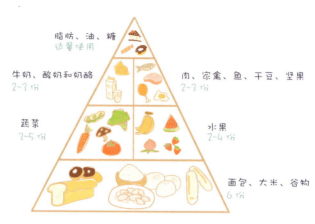

图 3-4　西方膳食结构金字塔

无机盐一般利用率较高，脂溶性维生素和 B 族维生素的含量也较高。

西方膳食模式中的糖类供能比仅为 25%，而脂肪供能占 35% ~ 45%，其中，饱和脂肪酸约占 18%。而由于大量的蛋白质和脂肪摄取而欠缺足够的膳食纤维，所以西方膳食模式已被认为是引起肥胖和 2 型糖尿病的主要原因之一。此外，西方膳食模式还会增加人体中厚壁菌门中的梭菌属、聚乙酸菌、柔嫩梭菌属的数量，减少拟杆菌属的数量。它会引发肠道菌群中厚壁菌门的数量上升，导致采用该膳食模式的人体内脂肪蓄积，进而增加相关疾病，诸如高脂血症、非酒精性脂肪肝、肥胖、2 型糖尿病以及慢性炎症等发生的风险。此外，该膳食模式还存在低膳食纤维摄取量的缺点，这往往会引起人体内总短链脂肪酸水平下降，进而引起体重的增加和人体对胰岛素的抵抗；而厚壁菌门数量的积累也会通过丁酸盐途径帮助人体从食物中获取更多的能量，这样肥胖的可能性就会大大提高，出现"喝水都会胖"的问题。

（六）其他膳食模式

除了上述三大类常见的膳食模式，还有其他膳食模式，如素食模式和低热量膳食模式等（图 3-5）。

图 3-5　膳食搭配

1. 低热量膳食模式

低热量膳食模式是指将原有膳食结构的热量降低 20%~40%，并适当地摄取蛋白质及微量营养素来预防营养不良。低热量膳食模式不但需要限制膳食中的能量，还需要配合体育锻炼来达到降低体重的目的。通过减少摄取高能量密度食物（如面包、精白米、油、糖及含糖饮料等），并适量摄取营养素含量高的食物（如各种蔬菜、水果、蛋清、脱脂乳制品、大豆蛋白、鱼类及肉类），达到控制食物总能量摄取量的目的。一般人体每天总能量的摄取量控制在 3349~8372 kJ。研究表明，通过减少能量摄取来降低体重，同时通过体育锻炼来增加能量消耗，这种生活方式能够有效地改善胰岛素抵抗、高血糖以及体重指数（body mass index，简称 BMI）。低热量膳食通过合理地摄取营养素，能够改善心肌代谢、预防 2 型糖尿病，并能有效地改善胰岛素抵抗、慢性炎症以及肥胖的发病率。

在肠道菌群方面，用低热量膳食模式对肥胖人群进行干预 6 个月，发现其肠道中厚壁菌门/拟杆菌门的数值明显升高，厚壁菌门中梭菌属、优杆菌属、肠球菌属和丁酸弧菌属的数量明显增加。结合肠道菌群对人体代谢的作用机制，低热量膳食模式因具有低脂、高膳食纤维的特点，能够减少血脂多糖水平并增加肠道中的短链脂肪酸水平，从而有助于抑制脂肪生成、促进胆固醇经粪便排出、改善胰岛素抵抗和慢性炎症，并协助维持肠道黏膜的完整性。厚壁菌门数量的增加是对长期低热量供给所产生的一种补偿性改变，其作用是帮助宿主从食物中获取更多的能量。这也解释了为何长期节食减肥者一旦将膳食模式改为正常模式会出现体重明显增加的现象。此外，长期坚持低热量膳食模式能够导致肠道中双歧杆菌数量的减少，不利于改善慢性炎症，这说明此模式对人群的长期干预效果还有待于进一步探讨。

2. 素食模式

在饮食模式方面，素食模式会明显影响人体代谢及肠道菌群结构。按照素食者摄取食物的种类可将其大致分为纯素食者（vegans）、奶蛋素食者（lacto-ovo-vegetarian）以及弹性素食者（flexitarian）。纯素食是指在饮食结构中去除所有动物性食品，大量地摄取水果、蔬菜、豆类、坚果及大豆蛋白。素食者的脂肪供能比例适宜，与杂食者相比，他们摄取了较多的多不饱和脂肪酸。奶蛋素食模式与上述饮食模式基本相似，但可以摄取蛋和奶；弹性素食则可以摄取红肉、家禽以及鱼类，但每周不超过一次。多项研究发现，素食者体内会存在缺乏蛋白质、钙、铁及维生素 B_{12} 等多种重要营养素的风险，这说明了长期素食者可能需要定期食用上述营养素的强化食品。

在肠道菌群方面，长期的素食模式干预能够增加人体肠道中拟杆菌门（普雷沃氏菌属和木聚糖菌属，前者为肠道优势菌群）的数量，减少双歧杆菌和厚壁菌门中肠球菌属的数量。结合肠道菌群对人体代谢的作用机制来看，素食模式富含膳食纤维，能够使人体血脂多糖水平降低、肠道总短链脂肪酸水平升高；加之拟杆菌门为肠道优势菌群，有利于人体减少脂肪和胆固醇的合成、保持体重、改善胰岛素抵抗和慢性炎症、维持肠道黏膜的完整性。但是素食模式会导致肠道中双歧杆菌数量减少，在采用素食模式对代谢类疾病患者进行膳食干预的同时，通过补充益生菌能够提高整体效果。另外，与地中海膳食模式相同，素食模式的脂肪供能比适宜，但由于摄取了更多的不饱和脂肪酸，有利于防治慢性炎症和维持肠道完整性。

各种各样的膳食模式影响着人体代谢的方方面面，明确各种膳食模式对肠道菌群以及人体代谢的影响，有助于人们日后针对不同代谢类疾病进行膳食干预。常见的五种膳食模式对肠道菌群与人体代谢的影响见表 3-1。

表 3-1　常见的五种膳食模式对肠道菌群与人体代谢的影响

膳食模式	特点	对菌群结构的影响	对人体代谢的影响	主要机制
地中海膳食模式	适当热量、脂肪、蛋白质，富含全谷物及膳食纤维	增加：普雷沃氏菌属、拟杆菌属、肠球菌属、乳酸杆菌属、双歧杆菌属 减少：梭菌属	抑制胆固醇和脂肪合成；促进胆固醇经粪便排出；改善胰岛素抵抗和慢性炎症；维持肠道黏膜的完整性	总短链脂肪酸、丙酸、丁酸升高，血脂多糖降低，益生菌数量增加
日本膳食模式	适当热量，低脂肪、低蛋白质，富含全谷物、膳食纤维、益生元和益生菌	增加：拟杆菌门、益生菌 减少：厚壁菌门	减少对食物中热量的吸收；抑制胆固醇和脂肪合成；促进胆固醇经粪便排出；改善胰岛素抵抗和慢性炎症；维持肠道黏膜的完整性	总短链脂肪酸、丙酸升高，丁酸、血脂多糖降低，益生菌数量增加
西方膳食模式	高热量、高脂肪、高蛋白质，低糖、低膳食纤维	增加：梭菌属、聚乙酸菌、柔嫩梭菌属 减少：拟杆菌属	增加对食物中热量的吸收，促进脂肪合成和蓄积；促进胰岛素抵抗和慢性炎症；增加肠道黏膜的通透性	总短链脂肪酸、丙酸、丁酸降低，血脂多糖升高
低热量膳食模式	严格限制热量，低脂肪，适量蛋白质与糖类，高膳食纤维	增加：梭菌属、肠球菌属和丁酸弧菌属 减少：拟杆菌属	减少对食物中热量的吸收；抑制脂肪合成；促进胆固醇经粪便排出；改善胰岛素抵抗和慢性炎症；维持肠道黏膜的完整性	总短链脂肪酸、丁酸升高，血脂多糖降低
素食模式	无动物性食品，适当热量、脂肪、蛋白质、糖类，富含膳食纤维	增加：普雷沃氏菌属、木聚糖菌属 减少：肠球菌属和双歧杆菌属	减少对食物中热量的吸收；抑制胆固醇和脂肪的合成；促进胆固醇经粪便排出；改善胰岛素抵抗和慢性炎症；维持肠道黏膜的完整性	总短链脂肪酸、丙酸升高，丁酸、血脂多糖降低

从表 3-1 中可以看出，西方膳食模式是最有可能导致人体发生代谢类疾病的膳食模式。而地中海膳食模式、素食模式以及日本膳食模式作为简单而实用的辅助手段，已经被广泛用于肥胖和 2 型糖尿病等代谢类疾病以及慢性炎症的治疗和康复阶段的饮食调节，这几种膳食模式在改善血糖、胰岛素抵抗以及慢性炎症方面都对人体有积极的作用。但地中海膳食模式在控制体重方面的作用并不如日本膳食模式、素食模式以及低热量膳食模式明显，而素食模式却存在导致人体缺乏必需营养素的风险。而在肠道菌群方面，地中海膳食模式、素食模式、日本膳食模式以及低热量膳食模式都可以通过影响肠道菌群，对人体代谢产生积极的影响，有助于预防非酒精性脂肪肝、肥胖以及 2 型糖尿病等代谢类疾病。其中，西方膳食模式和低热量膳食模式往往会引发人体肠道内厚壁菌门数量的增加，从而使人体从食物中获取更多的热量；素食模式和低热量膳食模式则会导致人体肠道内的益生菌数量下降。

本章小结

以上介绍了几种具有代表性的饮食模式。通过比较可以发现，不同的饮食模式与当地人的饮食习惯有非常紧密的联系。长期的饮食习惯会造成人体内肠道微生物的组成模式具有一定的倾向性。现有的研究结果也表明，不同饮食模式与健康之间存在某种必然联系。值得庆幸的是，这种与健康密切相关的联系可以通过纠正不健康的饮食习惯得到一定程度的调控。改变习惯是很难的，尤其是改变一个人的饮食习惯，但是跟健康相比，这点改变是值得的。

参考文献

[1] Akter S, Nanri A, Yi S, et al. Dietary patterns and C-peptide concentrations in a Japanese working population [J]. Nutrition, 2012, 28 (9): e29-e35.

[2] American Diabetes Association. Behavioral medicine, clinical nutrition, education, and exercise [J]. Diabetes, 2013, 62 (S1): A172−A217.

[3] Bialonska D, Ramnani P, Kasimsetty S G, et al. The influence of pomegranate byproduct and punicalagins on selected groups of human intestinal microbiota [J]. International Journal of Food Microbiology, 2010, 140 (2−3): 175−182.

[4] Candela M, Biagi E, Soverini M, et al. Modulation of gut microbiota dysbioses in type 2 diabetic patients by macrobiotic Ma-Pi 2 diet [J]. The British Journal of Nutrition, 2016, 116 (1): 80−93.

[5] Connolly M L, Lovegrove J A, Tuohy K M. *In vitro* evaluation of the microbiota modulation abilities of different sized whole oat grain flakes [J]. Anaerobi., 2013, 16 (5): 483−488.

[6] De Filippo C, Cavalieri D, Di Paola M, et al. Impact of diet in shaping gut microbiota revealed by a comparative study in children from Europe and rural Africa [J]. Proceedings of the National Academy of Sciences, 2010, 107 (33): 14691−14696.

[7] Fallucca F, Fontana L, Fallucca S, et al. Gut microbiota and Ma-Pi 2 macrobiotic diet in the treatment of type 2 diabetes [J]. World Journal of Diabetes, 2015, 6 (3): 403−411.

[8] Fernando W, Hill J, Zello G, et al. Diets supplemented with chickpea or its main oligosaccharide component raffinose modify faecal microbial composition in healthy adults [J]. Beneficial Microbes, 2010, 1 (2): 197−207.

[9] Guo H, Niu K, Monma H, et al. Association of Japanese dietary pattern with serum adiponectin concentration in Japanese adult men [J]. Nut. Metab. Cardiovasc. Dis., 2012, 22 (3): 277−284.

[10] Iimuro S, Yoshimura Y, Umegaki H, et al. Diabetes mellitus: does a vegetable and fishrich diet improve mortality? An explanatory study [J]. Geriatr. Gerontol. Int., 2012, 12 (S1): S59−S67.

[11] Kootte R S, Vrieze A, Holleman F, et al. The therapeutic potential of manipulating gut microbiota in obesity and type 2 diabetes mellitus [J]. Diabetes, Obesity and Metabolism, 2012, 14 (2): 112−120.

[12] Kurotani K, Kochi T, Nanri A, et al. Plant oils were associated with low prevalence of impaired glucose metabolism in Japanese workers [J]. PLoS One, 2013, 8 (5): e64758.

[13] Ley R E, Peterson D A, Gordon J I. Ecological and evolutionary forces shaping microbial diversity in the human intestine [J]. Cell, 2006, 124 (4): 837−848.

[14] Lopez-Legarrea P, Fuller N R, Zulet M A, et al. The influence of mediterranean, carbohydrate and high protein diets on gut microbiota composition in the treatment of obesity and associated inflammatory state [J]. Asia Pacific Journal of Clinical Nutrition, 2014, 23 (3): 360−388.

[15] Maruyama K, Iso H, Date C, et al. Dietary patterns and risk of cardiovascular deaths among middle-aged Japanese: JACC study [J]. Nutr. Metab. Cardiovas. Dis., 2013, 23 (6): 519−527.

[16] Monma Y, Niu K, Iwasaki K, et al. Dietary patterns associated with fall-related fracture in elderly Japanese: a population based prospective study [J]. BMC Geriatr., 2010, (10): 31−33.

[17] Morimoto A, Ohno Y, Tatsumi Y, et al. Effects of healthy dietary pattern and other lifestyle factors on incidence of diabetes in a rural Japanese population [J]. Asia Pac. J. Clin. Nutr., 2012, 21 (4): 601−608.

[18] Nanri A, Mizoue T, Poudel-Tandukar K, et al. Dietary patterns and suicide in Japanese adults: the Japan Public Health Center-based prospective study [J]. Br. J. Psychiatry, 2013, 203 (6): 422−427.

[19] Pickett-Blakely O. Obesity and irritable bowel syndrome: a comprehensive review [J]. Gastroenterology & Hepatology, 2014, 10 (7): 411−416.

[20] Porrata-Maury C, Hernandez-Triana M, Rodriguez-Sotero E, et al. Medium-and short-term interventions with Ma Pi 2 macrobiotic diet in type 2 diabetic adults of bauta, havana [J]. J. Nutr. Metab., 2012, (2012): 856342−856345.

[21] Queipo-Ortuño M I, Boto-Ordóñez M, Murri M, et al. Influence of red wine polyphenols and ethanol on the gut microbiota ecology and biochemical biomarkers [J]. The American Journal of Clinical Nutrition, 2012, 95 (6): 1323−1334.

[22] Rossi M, Negri E, Bosetti C, et al. Mediterranean diet in relation to body mass index and waist-to-hip ratio [J]. Public Health Nutrition, 2008, 11 (2): 214−217.

[23] Salas-Salvadó J, Bulló M, Babio N, et al. Reduction in the incidence of type 2 diabetes with the mediterranean diet [J]. Diabetes Care, 2018, 41 (10): 2259−2260.

[24] Shin S, Hong K, Kang S W, et al. A milk and cereal dietary pattern is associated with a reduced likelihood of having a low bone mineral density of the lumbar spine in Korean adolescents [J]. Nutr. Res., 2013, 33 (1): 59-66.

[25] Shin S, Joung H. A dairy and fruit dietary pattern is associated with a reduced likelihood of osteoporosis in Korean postmenopausal women [J]. Br. J. Nutr., 2013, 110 (10): 1926-1933.

[26] Sugawara N, Yasui-Furukori N, Umeda T, et al. Relationship between dietary patterns and cognitive function in a community-dwelling population in Japan [J]. Asia Pac. J. Public Health, 2015, 27 (2): NP2651-NP2660.

[27] Takaizumi K, Harada K, Shibata A, et al. Impact of awareness of the Japanese food guide spinning top on eating behavior [J]. Public Health Nutr., 2012, 15 (3): 399-406.

[28] Takaizumi K, Harada K, Shibata A, et al. Influence of awareness of the Japanese food guide spinning top on eating behavior and obesity [J]. Asia Pac. J. Clin. Nutr., 2011, 20 (1): 95-101.

[29] Tyakht A V, Kostryukova E S, Popenko A S, et al. Human gut microbiota community structures in urban and rural populations in Russia [J]. Nature Communications, 2013, (4): 2469-2472.

[30] Zhang C, Li S, Yang L, et al. Structural modulation of gut microbiota in life-long calorie-restriced mice [J]. Nature Communications, 2013, (4): 2163-2166.

二、肠道微生物的食物

从人类的角度出发，我们一直在关注到底该怎么吃。那么，有没有人想了解一下与人类共生的肠道微生物到底需要吃些什么呢？这就需要先科普一下什么是益生元。这个词你应该不陌生，许多广告都会提到这个词，那么益生元究竟是"何方神圣"，它和益生菌又有什么关系呢？简单地说，益生元就是益生菌的食物，是用来养益生菌的营养物质。益生菌和益生元的关键区别在于益生元作用于本已存在于肠道的菌群，而益生菌是由外部添加的细菌。这下明白了吧，接下来笔者就带大家了解一下人类肠道微生物的食物，或者说能量来源的种类，其中也包括益生元。

目前研究发现，脂类、膳食纤维以及益生元等多种膳食因素都可以影响人体的肠道微生物结构。比如，高脂膳食往往能够促进革兰阴性菌的生长，这些细菌所释放的调节因子可以导致肠道黏膜渗透性的增加。肠外组织（如脂肪组织）所分泌的促炎因子和趋化因子就能轻松地穿过肠道黏膜屏障，并在肠道内聚集，增加人体出现胰岛素抵抗和慢性肠炎的风险。与之相反，低脂膳食则可以避免增加肠道黏膜的通透性，从而有效阻止外源性促炎因子及趋化因子的侵入，降低慢性肠炎和胰岛素抵抗发生的风险。此外，肠道菌群还可以利用食物中的糖类、脂质以及蛋白质作为其厌氧发酵的底物，并产生诸多可以调节人体生理活动的次级代谢产物。

▶（一）脂肪

目前，有关脂肪对肠道菌群结构影响的研究还是主要集中在探讨高脂饮食如何影响肠道菌群结构这一科学问题上（图3-6）。通过给大鼠饲喂不同脂肪含量的饲料，研究人员发现其肠道菌群结构发生了显著变化。相对于正常饮食，高脂饮食会降低肠道中拟杆菌门和双歧杆菌的数量，增加厚壁菌门和变形菌门的数量。膳食中脂肪酸的组成也会影响肠道菌群的结构。德瓦科达（Devkota）等的研究发现，富含高饱和脂肪酸的膳食会改变肠道微生物的组成，且促进了原本丰度较低的亚硫酸盐还原菌和沃氏嗜胆菌的增殖。高脂肪含量的食物富含丰富的磷脂酰胆碱及胆碱，肠道菌群则可以将其转化成三甲胺，氧化的三甲胺进入血液会造成动脉粥样硬化。此外，高脂饮食还会引发心血管疾病。高脂低膳食纤维饮食的小鼠的肠道菌群生产短链脂肪酸能力则远远低于低脂高膳食纤维饮食的小鼠。

图3-6　高脂肪的食物

▶（二）蛋白质

研究人员发现，高蛋白膳食会增加肠道中大肠杆菌和梭菌的数量。通过单一蛋白源饲喂大鼠14天后发现，不同蛋白源饲喂的大鼠盲肠中微生物的组成模式不同。相较于大豆蛋白和玉米蛋白，酪蛋白能够显著提高大鼠肠道中乳酸杆菌和双歧杆菌的数量（值得注意的是，牛乳和羊乳中富含大量的酪蛋白，图3-7）。

肠道菌群利用蛋白质以及氨基酸进行发酵，可以产生有利于肠道健康的代谢

图 3-7　富含蛋白质的食物

产物，同时也会生成对人体健康不利的物质。蛋白质对肠道菌群的发酵产物也会有一定的影响，氨基酸以及肽类物质在肠道中的主要代谢产物是乙酸、丙酸以及丁酸，同时还有酚类以及吲哚类等有害物质。如果使用土豆蛋白代替酪蛋白，肠道中的支链脂肪酸含量则会显著上升，这可能与蛋白质的组成及其消化速率有关。

（三）糖类物质

无论是低糖饮食还是高糖饮食，均会影响肠道微生物的结构。低糖饮食会改变肠道微生物的结构，减少突变小鼠肠道肿瘤的数量，同时还可以降低分泌丁酸的微生物菌群的数量。高糖、高脂饮食会改变小鼠肠道菌群结构，促使小鼠发生肥胖。此外，膳食纤维在膳食中所占的比例大小也会显著影响肠道微生物结构，高纤维饮食会增加肠道中双歧杆菌的数量，低纤维饮食会增加普雷沃氏菌属的数量（图 3-8）。

肠道菌群通过发酵糖类得到的主要产物是短链脂肪酸，如乙酸、丙酸以及丁酸。与以蛋白质和脂肪为主要膳食成分的人群相比，长期以糖类物质为主要膳食成分的人群的肠道微生物的代谢产物中短链脂肪酸的含量相对较高。在以膳食纤维为主食的非洲

图 3-8　富含糖类物质的食物

儿童的肠道细菌的代谢产物中，短链脂肪酸含量比以高脂肪、高蛋白为主食的欧洲儿童高。

一些糖类不能被人体所分泌的消化酶分解，而是直接进入肠道特异性地刺激对人体健康有益的细菌生长及代谢，这类糖类就是益生元，比如菊粉、抗性淀粉以及寡聚糖，等等。研究表明，低聚果糖能够抑制由高脂膳食引起的人抗生物肽基因的表达，有利于维持人体的免疫状态；除此之外，低聚果糖还能够增加人体中凝集素（lectin）基因的表达，有利于促进肠道表皮细胞更新，维持肠道免疫功能的完整性。膳食中的谷物纤维以及可溶性膳食纤维能够促进双歧杆菌的增殖，而抑制肠道中革兰阴性菌的繁殖。存在于革兰阴性菌细胞壁的脂多糖（俗称内毒素）能够激活体内免疫反应，从而造成炎症浸润。从这个角度分析，这些纤维素还能够减少人体中内毒素含量，从而缓解胰岛素抵抗。

结肠内的菌群能够将人体不能消化的植物多糖以及复合糖类，分解为短链脂肪酸（包括乙酸、丙酸以及丁酸）。其中，乙酸是大部分肠道菌群的代谢产物，它除了作为胆固醇的合成底物之外，还能够为人体提供能量。丙酸则主要由拟杆菌门发酵产生，具有抑制胆固醇和脂肪合成的作用，这也是拟杆菌门调节体重的机制之一。丁酸则主要是由厚壁菌分泌合成的，它能够作为结肠上皮细胞的主要能量来源，促进人体产生酪酪肽（peptide YY，简称 PYY）来减缓肠道蠕动、增加饱腹感；同时，它还能够通过刺激回、结肠的 GPR4l 信号通路的表达，促进机体储存能量。另外，短链脂肪酸整体亦能通过上调其受体 GPR43 信号通路，并抑制过氧化物酶体增殖物激活受体 γ 信号通路的表达，来抑制脂肪生成以及脂肪酸在脂肪细胞中的氧化，从而降低体重、改善胰岛素抵抗。

益生菌是指目前研究发现的对宿主有益的菌种，例如，双歧杆菌、副干酪乳酸杆菌、鼠李糖乳杆菌和布拉迪酵母菌等。副干酪乳酸杆菌和鼠李糖乳酸杆菌能够在肠道内发酵生成乙酸。另有研究表明，每日口服布拉迪酵母菌能够使肥胖老鼠的肠道菌群结构发生改变：使拟杆菌门数量增加，厚壁菌门、变形菌门数量降低，从而降低宿主血清 IL-6 以及 TNF-α 水平、改善宿主体重以及慢性炎症。双歧杆菌虽然不具备上述功能，但能下调肝脏及脂肪组织内 TNF-α 的表达，具有防治非酒精性脂肪肝、降低体重和改善胰岛素抵抗的作用。

肠道微生物与人体健康关系密切，肠道微生物失调会导致多种疾病的发生。影响肠道微生物结构的因素有很多，但最主要的影响因素是饮食。未被胃和小肠消化吸收的食物，后来进入大肠，经微生物发酵会产生对人体健康有益（如短链脂肪酸）或有害（如脂多糖、苯酚等）的代谢产物；同时这些代谢产物也会反过来改变肠道微生物的结构，进一步影响人的健康。近几年来，随着人类基因组计划的展开，海量的肠道微生物数据和信息被检测出来，生物学家们越来越重视对肠道微生物的研究。相信在未来生活中，精准饮食将成为营养健康等相关行业发展的新方向。

（四）影响宿主健康的肠道微生物代谢产物

肠道菌群在人体中发挥巨大的作用，它的组成和结构以及相关的代谢产物与人体自身的健康状况息息相关，这些因素不仅影响食物的消化、营养的吸收，同时还能够在某种程度上调节人体免疫系统的功能以及人体代谢等相关生理功能。更多的实验已经证实，人体自身的代谢不仅受自身基因层面的调控，还受肠道菌群的调控。表 3-2 中详细描述了肠道微生物的代谢产物及其对宿主的影响。人们对健康饮食的要求越来越高，在膳食与健康的相互关系中，需要人们更加重视肠道菌群。

表 3-2　肠道微生物的代谢产物及其对宿主的影响

代谢产物的来源	代谢产物	相关肠道微生物	对宿主的影响
参与分解代谢得到的产物	短链脂肪酸	乙酸：肠道菌群的很多成员；丙酸：拟杆菌门和梭菌IX类群，丙酸菌属；丁酸：梭菌 XIV a 和 IV 类群（普拉粪杆菌、直肠真杆菌、布氏瘤胃球菌、丁酸弧菌）	甲酸：胆固醇的合成底物；乙酸、丙酸：肝脏糖异生的底物，抑制胆固醇合成；丁酸：肠道上皮细胞的主要能量来源，保持肠道黏膜完整性，抑制肠癌和炎症的发生
	甲烷	产甲烷菌	可能会减缓肠运输速率

续表

代谢产物的来源	代谢产物	相关肠道微生物	对宿主的影响
参与分解代谢得到的产物	蛋白质异化代谢产物（氨、胺、酚、硫醇、吲哚、亚硝氨基化合物、支链脂肪酸）	肠道菌群的很多成员	细胞毒性和遗传毒性；可能会与儿童自闭症、肠癌的发生、发展有关
	硫化氢	脱硫弧菌；牛磺酸降解菌属某些种	遗传毒性；腐蚀肠道黏膜
	次级胆酸（石胆酸、脱氧胆酸）	真杆菌；梭菌	提高胆固醇含量；致癌、致突变
	雌马酚	伊氏阿德勒菌；梭菌；埃格特菌	抗氧化、抗炎、降低骨质流失；调节雌激素
参与合成代谢得到的产物	未知代谢产物	普拉粪杆菌	通过阻断 NF-κB 激活途径来抑制炎症
	未知代谢产物	嗜酸乳杆菌	调解肠道疼痛；诱导阿片和大麻醇受体
	维生素 K_2	脆弱拟杆菌；大肠杆菌；丙酸菌属；真杆菌属；乳酸乳球菌；嗜柠檬酸明串球菌	调节骨质矿化和凝血机制
	维生素 B_9	双歧杆菌	调节细胞生长和细胞增殖
	维生素 B_{12}	罗伊氏乳杆菌	刺激神经系统发育
	共轭亚油酸	双歧杆菌；长双歧杆菌属	调节免疫系统；降低患代谢综合征的风险
	γ-氨基丁酸	短乳杆菌；副干酪乳杆菌	调节中枢神经系统；缓解低血压以及多尿症状
细菌细胞成分	多聚糖 A	脆弱拟杆菌	降低促炎因子水平，如 TNF-α、IL-1β、IL-17；提高抗炎因子 IL-10 水平；降低中性白细胞渗透；抑制上皮细胞增生
	脂多糖	革兰阴性菌	通过激活 NF-κB 信号传导通路来促进炎症反应；促进树突细胞成熟
	胞壁酸	革兰阳性菌	调节促炎症或抗炎免疫反应

近年来，随着人类基因组计划的实施，关于肠道菌群参与调节人体健康的证据也越来越多，研究人员已经形象地将肠道菌群比作人体的"第二大脑"。未来，科研人员将会继续针对庞大的肠道微生物数据进行深入挖掘与分析，试图了解每一种细菌（甚至整个肠道微生物生态系统）与健康之间的对应关系，并最终开发出一系列健康、有效的食疗方案，为人类的健康提供更加全面有效的解决之道。

目前就饮食对肠道菌群的影响以及肠道菌群的代谢产物对人体健康的影响的研究还较少，导致饮食和肠道菌群同人体健康的关系的研究文献尚有欠缺。随着越来越多的研究开始关注这些方面，笔者有理由相信，在不久的将来人们会更加了解膳食与肠道菌群、肠道菌群与健康的关系，并且能够利用这些知识开发出各种食疗方案，这将在治疗"未病"和"已病"等方面发挥更大的作用。

本章小结

了解肠道微生物的食物对于研究如何通过饮食改善肠道微生态来说非常重要。现阶段科学家们对于肠道微生物的食物的研究，只停留在一个非常局限的范围内。未来，需要根据日常生活中常见的食材来研究每一种食材对某一类菌群的促进或者对另一类菌群的抑制作用。这样，我们就可以掌握调控肠道微生物的"密码本"，通过改变饮食调节健康。

参考文献

［1］Barratt M J, Lebrilla C, Shapiro H Y, et al. The gut microbiota, food science, and human nutrition: a timely marriage［J］. Cell Host Microbe, 2017, 22（2）: 134-141.

［2］Beaumont M, Goodrich J K, Jackson M A, et al. Heritable components of the human fecal microbiome are associated with visceral fat［J］. Genome Biol., 2016, 17（1）: 189.

［3］Belcheva A, Irrazabal T, Robertson S J, et al. Gut microbial metabolism drives transformation of msh2-deficient colon epithelial cells [J]. Cell, 2014, 158 (2): 288−299.

[4] David L A, Maurice C F, Carmody R N, et al. Diet rapidly and reproducibly alters the human gut microbiome [J]. Nature, 2014, 505 (7484): 559−563.

[5] de La Serre C B, Ellis C L, Lee J, et al. Propensity to high-fat diet-induced obesity in rats is associated with changes in the gut microbiota and gut inflammation [J]. American Journal of Physiology-Gastrointestinal and Liver Physiology, 2010, 299 (2): G440−G448.

[6] den Besten G, Bleeker A, Gerding A, et al. Short-chain fatty acids protect against high-fat diet-induced obesity via a PPAR γ -dependent switch from lipogenesis to fat oxidation [J]. Diabetes, 2015, 64 (7): 2398−2408.

[7] Devkota S, Wang Y W, Musch M W, et al. Dietary-fat-induced taurocholic acid promotes pathobiont expansion and colitis in IL-10-/-mice [J]. Nature, 2012, 487 (7405): 104−108.

[8] Duca F A, Swartz T D, Sakar Y, et al. Up-regulation of intestinal type 1 taste receptor 3 and sodium glucose luminal transporter-1 expression and increased sucrose intake in mice lacking gut microbiota [J]. The British Journal of Nutrition, 2012, 107 (5): 621−630.

[9] Everard A, Lazarevic V, Gaïa N, et al. Microbiome of prebiotic-treated mice reveals novel targets involved in host response during obesity [J]. The ISME Journal, 2014, 8 (10): 2116−2130.

[10] Everard A, Matamoros S, Geurts L, et al. Saccharomyces boulardii administration changes gut microbiota and reduces hepatic steatosis, low-grade inflammation, and fat mass in obese and type 2 diabetic db/db mice [J]. MBio, 2014, 5 (3): e01011−e1114.

[11] Fei N, Zhao L. An opportunistic pathogen isolated from the gut of an obese human causes obesity in germfree mice [J]. The ISME Journal, 2013, 7 (4): 880−884.

[12] Fusaru A M, Stanciulescu C E, Surlin V, et al. Role of innate immune receptors TLR2 and TLR4 as mediators of the inflammatory reaction in human visceral adipose tissue [J]. Rom. J. Morphol. Embryol., 2012, 53 (S3): 693−701.

[13] Green J M, Barratt M J, Kinch M, et al. Food and microbiota in the FDA regulatory framework [J]. Science, 2017, 357 (6346): 39−40.

[14] Kallio K A E, Hätönen K A, Lehto M, et al. Endotoxemia, nutrition, and cardiometabolic disorders [J]. Acta Diabetologica, 2015, 52 (2): 395−404.

[15] Ley R E, Turnbaugh P J, Klein S, et al. Microbial ecology: human gut microbes

associated with obesity [J]. Nature, 2006, 444 (7122): 1022−1023.

[16] Llewellyn S R, Britton G J, Contijoch E J, et al. Interactions between diet and the intestinal microbiota alter intestinal permeability and colitis severity in mice [J]. Gastroenterology, 2018, 154 (4): 1037−1046.

[17] Louis P, Young P, Holtrop G, et al. Diversity of human colonic butyrate-producing bacteria revealed by analysis of the butyryl-CoA: acetate CoA-transferase gene [J]. Environmental Microbiology, 2010, 12 (2): 304−314.

[18] Parks B W, Nam E, Kostem E, et al. Genetic control of obesity and gut microbiota composition in response to high-fat, high-sucrose diet in mice [J]. Cell Metabolism, 2013, 17 (1): 141−152.

[19] Ridaura V K, Faith J J, Rey F E, et al. Gut microbiota from twins discordant for obesity modulate metabolism in mice [J]. Science, 2013, 341 (6150): 1241214.

[20] Russell W R, Gratz S W, Duncan S H, et al. High-protein, reduced-carbohydrate weight-loss diets promote metabolite profiles likely to be detrimental to colonic health [J]. Am. J. Clin. Nutr., 2011, 93 (5): 1062−1072.

[21] Schroeder B O, Birchenough G M H, Ståhlman M, et al. Bifidobacteria or fiber protects against diet-induced microbiota-mediated colonic mucus deterioration [J]. Cell Host Microbe, 2018, 23 (1): 27−40.

[22] Semova I, Carten J D, Stombaugh J, et al. Microbiota regulate intestinal absorption and metabolism of fatty acids in the zebrafish [J]. Cell Host Microbe, 2012, 12 (3): 277−288.

[23] Swartz T D, Duca F A, De Wouters T, et al. Up-regulation of intestinal type 1 taste receptor 3 and sodium glucose luminal transporter-1 expression and increased sucrose intake in mice lacking gut microbiota [J]. British Journal of Nutrition, 2012, 107 (5): 621−630.

[24] Tang W H, Wang Z, Levison B S, et al. Intestinal microbial metabolism of phosphatidylcholine and cardiovascular risk [J]. New England Journal of Medicine, 2013, 368 (17): 1575−1584.

[25] Valdes A M, Walter J, Segal E, et al. Role of the gut microbiota in nutrition and health [J]. BMJ, 2018, (361): 577−589.

[26] Wang J, Tang H, Zhang C, et al. Modulation of gut microbiota during probiotic-mediated attenuation of metabolic syndrome in high fat diet-fed mice [J]. The ISME Journal,

2015, 9（1）: 1-15.

［27］Xiao S, Fei N, Pang X, et al. A gut microbiota-targeted dietary intervention for amelioration of chronic inflammation underlying metabolic syndrome［J］. FEMS Microbiology Ecology, 2014, 87（2）: 357-367.

［28］Zhang C H, Zhang M H, Pang X Y, et al. Structural resilience of the gut microbiota in adult mice under high-fat dietary perturbations［J］. The ISME Journal, 2012, 6（10）: 1848-1857.

［29］Zhao L, Zhang F, Ding X, et al. Gut bacteria selectively promoted by dietary fibers alleviate type 2 diabetes［J］. Science, 2018, 359（6380）: 1151-1156.

［30］Zou J, Chassaing B, Singh V, et al. Fiber-mediated nourishment of gut microbiota protects against diet-induced obesity by restoring IL-22-mediated colonic health［J］. Cell Host Microbe, 2018, 23（1）: 41-53.

三、肠道菌群的"私人定制"

随着年龄的增长，健康的变化都会在身上留下"蛛丝马迹"。一般来说，30岁之后，人的身体就开始走下坡路，很多人都会发现自己的精力、皮肤都不如以前。从古至今，如何有效延缓身体过快衰老，似乎永远都能引起人们的足够兴趣。对如何保养身体，相信很多人都有自己的一套"理论"，比如，人体健康与肠道菌群有关。还有观点认为，人体最先开始衰老的部位就是肠道。这两种说法都把健康的"矛头"指向了人们平时最容易忽视的肠道，那么这些说法到底靠不靠谱呢？有研究发现，人体的免疫系统超过50%位于结肠，人体所需的营养物质的99%从肠道吸收，废物以及毒素的80%从肠道排出，这些导致肠道既敏感又脆弱。如果肠道出现问题，那么人体的免疫系统、营养吸收系统都会相应地出现问题，造成"恶性循环"，这下想健康都困难了。

（一）人老"肠"未老

最近，中国与加拿大研究团队合作招募了1000多人，年龄从3岁到100岁不等。这项研究发现，健康老年人的肠道菌群组成与年轻人的相似，而且30～100岁的人的肠道微生物群的差异很小，这无疑说明健康老人真的是人老"肠"未老（图3-9）。值得注意的是，老年人的肠道菌群较年轻成年人的呈现出更大的个体差异。那么健康长寿的老人肠道到底有什么独特之处呢？1993年，日本研究者对青壮年、老年人、长寿老人的肠道菌群进行调查，发现长寿老人的双歧杆菌仍维持在青壮年水平，而以荚膜梭菌、梭状芽孢杆菌为代表的有害菌数量却比普通老人少得多，我国科学家在对广西长寿老人的调查中也得出了相同的结论。双歧杆菌是常见的益生菌，它能够抑制腐败菌生长，减少代谢产物中的氨、硫化氢、吲哚及粪臭素等有害物质的含量。用双歧杆菌喂养大鼠发现，大鼠体内抗氧化的超氧化物歧化酶（superoxide dismutase，以下简称SOD）活性显著升高。SOD存在于各种生物体中，具有清除自由基、延缓机体衰老的作用。此外，研究人员还发现，在临床上双歧杆菌能够降低肠道的pH值，抑制腐败菌生长，调整肠道菌群的组成结构。因此，双歧杆菌具有抑制肠道功能失调的作用，可以预防腹泻、减少便秘。

在人类生命早期的1000天里，由于母乳喂养使双歧杆菌在婴儿肠道大量定植，它们在维持婴儿的健康方面发挥着重要的作用，如增强营养、提高免疫、抗感染、抗过敏、抗肿瘤、调整肠道功能。由此可见，人老不代表着肠道就一定会衰老，长寿老人肠道中双歧杆菌的数量恰恰占有较高的比例，呈现出不亚于年轻人的健康有活力的肠道状态。

虽然成年人肠道菌群已相对稳定，但随着年龄增长，人体对食物的消化吸收能

图3-9 人老"肠"未老

力以及免疫力都会出现不同程度的变化，菌群的组成也不可避免地受到影响。一项调查显示，全球85%的人肠道超前老化。也就是说，大约85%的人肠道实际年龄要比自然年龄大20～30岁。（图3-10）肠道老化正日趋严重，导致肠功能失常，从而造成人体对营养的吸收能力变差，机体易缺乏钙、铁、锌及维生素，且免疫力下降。相较于其他常见的老年疾病（如心血管、脑神经等疾病），由于肠道老化不会对健康产生立竿见影的影响，所以它对人体造成的伤害容易被忽视，长此以往，不但会对肠道造成伤害，而且会继发性地引起其他系统的病变。

随着年龄的增长，即使肠道厌氧菌数量保持相对稳定，整个肠道的菌群结构也会发生许多变化，这些变化会影响人体的代谢。老年人体内双歧杆菌数量的减少则会影响肠道功能和免疫反应，增强肠道易感性。拟杆菌数量的减少容易降低老人对淀粉和短链脂肪酸的分解能力。以梭杆菌和梭状芽孢杆菌为代表的兼性厌氧菌的增加虽然会提高人体分解食物中蛋白质的能力，但是它们的数量达到一定的限度后就会对健康不利。以梭杆菌为例，它能够利用氨基酸作为底物发酵产生氨及吲哚等许多有害的代谢产物。

一项针对178名老年人的研究详细分析了他们的生活环境与肠道微生物组成的关联性。这些老年人按照生活环境的不同分为社区老人、日间住院老人和长期住院老人。分析发现，接受长期护理的老人体内的肠道菌群多样性显著低于社区老人的，这种肠道菌群多样性的缺失增加了老年人肠道的脆弱性。与社区老人相比，长期住院的老人肠道更容易发生慢性炎症和腹泻。值得注意的是，这项研究只是告诉大家社区老人比长期住院老人的肠道更加健康，但是现在还不知道究竟是老年人肠道过度老化造成了长期住院，还是长期住院以及疾病加重了肠道的老化，抑或是两者兼有。但是至少能够说明，生活环境（包括居住环境和饮食环境）、微生物和健康状况之间的确存在相互联系。世界卫生组织联合世界范围的科研人员开展的调查表明，肠道

图3-10　肠道菌群通过影响肠道健康
来影响实际年龄

微生态与人的寿命、健康密切相关。肠道微生态平衡时，肠内细菌就有益于人体健康。它们会参与人体的许多生理代谢活动，如促进糖类、脂肪、蛋白质的分解吸收和各种养分的摄取，协助胆汁酸、胆固醇代谢，作为抗原刺激提高机体免疫功能等；而在肠道菌群失调时，有害菌产生的毒性物质或内毒素的释放，以及肠内细菌导致的内源性感染等会带来疾病，严重危害人体健康。因此，可以说好的肠道是人身体健康、延年益寿的法宝（图3-11）。

此外，随着年龄的增长，人的感知能力也会变得迟钝。这种能力的减退就会造成一个司空见惯的家庭现象：老年人做的饭菜经常会比较咸。其实有时候老人们也不是真的喜欢吃较咸的饭菜，只是他们并不觉得真的有你说得那么咸。这主要是因为老年人的味觉感知系统出了问题，他们的味觉变得没有年轻的时候那么敏感了，在烹饪的时候就会放更多的调味品，比如盐。除了感知能力下降，老年人经常会出现肌肉萎缩、咀嚼能力下降、牙齿也没有年轻时那么有力，很多食物吃起来都不那么方便，导致食物咀嚼不充分，给胃肠道带来了巨大的消化压力。这种高盐、不充分咀嚼和低活性的体内消化系统共同塑造了老年人的肠道微生态系统。这些不利因素会增加食物在胃肠道里面的停留时间，没有充分消化的食物停留在结肠中开始慢慢腐败，产生氨、酚类物质并且在肠道内聚集。这种聚集会引发进一步的恶性循环，使肠道菌群的组成结构受到影响，从而导致老年人出现营养不良、肠动力不足、大便干结和便秘等现象。

前面说过，肠道菌群能够提供人体所需的短链脂肪酸、维生素 K、维生素 B_{12} 等，并起到占位保护作用。日常生活中的饮食是塑造肠道菌群结构的主要因素之一，膳食中营养素（糖类、蛋白质和脂肪）的摄取种类和数量及其代谢的平衡都会影响肠道菌群的组成结构。许多研究表明，改变饮食中多糖的含量和类型可以对肠道菌群的组成及其代谢产物产生巨大的影响，不同结构的膳食纤维由于其分子

图3-11 肠道健康才显年轻

结构上的差异（如糖苷键位置和亲水性）可能对肠道菌群产生不同的作用。但是总体而言，饮食中的膳食纤维可以诱导具有较强多糖水解能力的菌群增殖。因此，无论是老年人还是年轻人，日常饮食除了需要注意低盐、低油等原则，还应当注意平衡膳食，尽可能地丰富食物的种类，不要盲目追求食物的数量，更应该注重食物的质量。此外，还应该在膳食中考虑微生物的饮食需求，比如多补充一些膳食纤维和菌群的能量源。

▶ （二）慢性病，"肠"来医

　　人的肠道中定植着包括细菌、古菌、酵母和真菌等在内的庞大微生物家族，数量可以超过 100 万亿个，它们组成了一个既复杂又重要的人体微生态系统。目前，人们已经在人体胃肠道内检测到了 9 个细菌门，如拟杆菌门、厚壁菌门和放线菌门等。这些微生物种群携带了庞大的基因信息池，它们所携带的遗传信息大约是人类基因总数的 100 倍。与人体自身基因不同，人体内的这些微生物基因池的组成是可以随时改变的。这个微生态系统时刻与人体保持着物质和信息的"交流"，参与物质能量代谢、调控基因的表达，参与免疫调节以及营养的供给。这种"超微生物体"和人体之间是相互影响、相互促进的，微生物基因组与人体基因组通过与多种环境条件的相互作用共同维护人体的健康状态。近几十年来，肠道微生态的研究已成为国内学术界的研究热点。通过这些年的研究，人们逐渐了解了肠道菌群如何影响人体的健康，并通过研究微生物的发生、演化、组成、结构、功能等，已经在一定程度上了解了宿主与微生物相互作用的关系。当多种原因导致肠道菌群比例失调、肠道微生态系统平衡被破坏时，可能会发生一些胃肠道或者肠外疾病。同样，当一些肠外疾病如肥胖、糖尿病及慢性肝、肾脏病发生和发展时，肠道菌群也会相应发生改变。

1. 肥胖

　　世界卫生组织已将肥胖列为十大慢性病之一。目前，中国超重人群的人数约有 2 亿人，肥胖人群的人数超过 9000 万人，肥胖者更容易得病，每年至少有 260 万人因此死亡。到底是哪里出了问题，导致现代人更容易肥胖？（图 3-12）目前的研究结果显示，肥胖的前因后果远比我们想象得复杂。除了基因、饮食、生活方式、年龄、性别和代谢特征，研究人员还发现，肠道微生物在肥胖的发生和发展过程中也起了很大的作用。最新研究发现，肥胖人群与非肥胖人群体内的肠道菌群组成结构有很大不同，这也许会影响人体对食物能量的利用和存储效率。正常人的结肠里都存在大量的细菌，有球菌也有杆菌。一般情况下，这些细菌不但不会侵袭人体，还有助于人体的营养和能量代谢。美国华盛顿大学医学院的研究者在动物实验中发现，肠道菌群中杆菌比例较低的老鼠能够更好地从食物中吸收热量，从而导致老鼠肥胖。那么，肥胖人群的肠道菌群到底有什么特征？带着这个问题，学者们开始

图 3-12 体重超标，把称都压坏了

研究肥胖人群的肠道菌群。肥胖人群大便标本的基因测序结果显示，他们体内的肠道菌群与此前老鼠的实验结果相似：杆菌的比例较低。而且随着患者体重的下降，肠道菌群的组成结构开始与正常体重人群相似。他们还发现，肠道中杆菌的增加与体重下降成比例。这项研究发表于著名的科学杂志《自然》，并引起学术界广泛的关注和讨论。

肠道细菌不仅帮助人体获取能量，而且还是人体脂肪代谢的一流"指挥家"。肠道细菌及其短链脂肪酸产物能对胆汁酸库进行多重调节和生物转化，包括调控膳食脂肪的乳化和吸收效率，并影响脂肪氧化、合成、转运、储存等过程。肠道菌群调节脂肪存储的另一个可能途径是调控宿主相关基因的表达，导致宿主的脂肪积累增加。以小鼠为例，在给予相同量的食物（57% 的糖类、5% 的脂肪）的情况下，普通小鼠与无菌小鼠相比，体内的脂肪总量增加 42%，而每天食物消耗却减少 29%。此外，肠道菌群亦能够通过合成维生素 K、维生素 B_{12}、叶酸等来调节肠道胆汁酸盐代谢与再循环、活化植物雌激素等，多途径调控宿主脂肪代谢，促

进肥胖的发展。

2. 糖尿病

前面已经说了肠道菌群与肥胖的发生和发展关系密切，而肥胖又是导致2型糖尿病发生的危险因素。这样说来，2型糖尿病的发生和发展可能也与人体中的肠道菌群有某种联系。因此，肠道菌群是否参与糖尿病的发生与发展吸引了国内外众多科学家的关注。在动物实验中发现，糖尿病小鼠粪便中乙酸、丙酸和正丁酸水平显著降低，D-乳酸水平显著升高。由此可以推测，糖尿病小鼠粪便中的肠道菌群代谢产物与血糖之间存在密切的关系。最近有一项研究发现，2型糖尿病患者肠道中厚壁菌门的数量显著减少，且拟杆菌门与厚壁菌门的比值与血糖水平呈正相关关系，而与BMI无关。在有或无2型糖尿病的肥胖和瘦弱个体的肠道菌群的对比研究中，发现2型糖尿病患者肠道中厚壁菌门的主要菌种数量下降。研究还发现，2型糖尿病患者的肠道中乳酸杆菌、嗜酸乳杆菌、保加利亚乳杆菌、干酪乳杆菌及鼠李糖乳杆菌增多，且与血脂水平呈显著负相关关系。这说明，2型糖尿病的发生可能与患者肠道菌群结构的改变有关。近年来，人们逐渐认识到了人体固有免疫系统与代谢类疾病的关系。肠道细菌通过激活脂多糖形成炎性状态，导致肥胖和胰岛素抵抗。脂多糖是革兰阴性菌的细胞壁成分，可以与固有免疫细胞表面的受体结合激活炎性反应。目前，人们已经知道肠道细菌能发酵膳食纤维，促进近端结肠细胞的分化，增加健康人群餐后胰岛素样生长因子的分泌。近来研究结果表明，与单纯糖类饮食相比，益生元配合糖类饮食能够增加肠道中乳酸杆菌和双歧杆菌的含量，保护肠道细胞紧密性、完整性及肠壁屏障功能，降低内毒素血症、细胞因子、氧化应激对肝脏和全身的影响。

3. 高脂血症

高脂血症是引发动脉硬化等心血管疾病的重要因素（图3-13）。许多实验和研究均证明，胆固醇摄取量与高脂血症的发生密切相关。这是因为动物性脂肪的摄取会导致肠内胆汁酸的分泌增加，而胆汁酸的分泌增加会促进人体对胆固醇的吸收，所以相应地血液中胆固醇的含量也会增加。例如，高脂喂养大鼠的体重明显高于普通饲料喂养的，高脂饮食喂养的大鼠血浆中三酰甘油和胆固醇水平也明显增高。由此可以看出，高脂饮食是造成高脂血症的一个重要原因。

近年来，越来越多的研究表明，肠道正常菌群与血脂之间有千丝万缕的联系，肠道菌群可能具有调节血脂的作用。微生态学家就发现，肠道菌群中的乳酸杆菌、双歧杆菌、肠球菌等与胆固醇代谢有直接关系。来自日本熊本大学（Kumamoto University）的研究人员分析了肠道菌群变化对脂质代谢的影响，首次发现了细菌的次级代谢产物胆汁酸可以对血脂浓度变化的部分分子机制产生影响。这项研究中，科研人员连续 5 天用抗生素处理小鼠，制备了肠道菌群失调的动物模型。与非抗生素处理组相比，实验组小鼠的三酰甘油浓度下降到 43%。为了评估造成三酰甘油浓度显著

图 3-13　体检出来了高脂血症

减少的有关机制，研究人员把重点放在了胆汁酸上，因为胆汁酸能够调控脂肪代谢。实验组小鼠胆汁酸的产量较少，肝脏中石胆酸（lithocholic acid）和脱氧胆酸（deoxycholic acid）浓度分别下降 20% 和 0.6%。当同时补充胆汁酸和抗生素时，小鼠血液中三酰甘油水平恢复了正常，这表明胆汁酸是影响脂肪代谢的关键因素。因此，这项研究发现了肠道细菌和其产生的次级代谢产物胆汁酸参与了宿主的脂类代谢。

4. 肝病

肝脏是人体最大的实质性器官，拥有肝动脉及肝门静脉两大血流主干线。其中，肝门静脉系统主要接收肠道血液并将其汇至肝脏，使肠道与肝脏之间建立起"密切关系"，人们称其为"肠-肝"轴。

近 10 年来，随着人们对"肠-肝"轴认识的逐步深入，肠道菌群在慢性肝病发病过程中的作用也逐渐浮出水面。慢性肝病患者体内肠道菌群的失调导致原始菌群失去优势，肠道内革兰阴性菌过度生长，这些细菌表面的脂多糖会诱发体内持续性的炎症反应，最终造成肝损伤。与此同时，脂多糖还可以激活体内的肝巨噬细胞（kupffer cell）和单核细胞，促进释放促炎介质，导致肝窦充血。此外，肠道菌群失调还会引起三磷酸腺苷（adenosine triphosphate，简称 ATP）酶活力受到

抑制以及钙离子、钾离子转位发生改变，进而间接损害肝细胞。

有文献报道，临床已证明微生态制剂可以作为一种治疗手段来恢复肠道菌群的平衡。因为益生菌可以抑制细菌的黏附，抑制内毒素的产生，保护肠道黏膜的通透性，防止细菌的移位。同时，肠道有益菌能够产生抗菌肽类，减轻炎症反应和刺激宿主免疫，从而保护肝脏的健康。

5. 阿尔茨海默病

"脑-肠"轴是大脑和胃肠道功能相互调节的重要桥梁。"脑-肠"轴功能失常可激活肠道黏膜免疫，对肠道菌群产生影响，使菌群结构发生改变。（图3-14）肠道菌群结构改变亦会影响神经系统发育，导致"脑-肠"轴功能失常，形成恶性循环。研究发现，迷走神经和血清代谢物质在"脑-肠"轴功能的调节中发挥重要作用。最近的研究发现，阿尔茨海默病患者和模型小鼠的肠道菌群组成都呈现结构性失调。肠道菌群可通过多种途径参与阿尔茨海默病的发生和发展。某些细菌产生的神经递质或神经毒性物质可通过循环系统进入大脑，影响神经功能。这些有害物质包括氨气、蓝细菌产生的 β-N-甲氨基-L-丙氨酸、石房蛤毒素、α 类毒素和淀粉样蛋白等。肠道菌群异常引起的海马和大脑皮质脑源性神经营养因子的降低与进行性认知功能丧失的发生有关。益生菌、益生元和某些中药成分可缓解阿尔茨海默病患者或模型小鼠的症状。因此，肠道菌群对阿尔茨海默病的防治效果，以及如何通过肠道菌群的调节防治阿尔茨海默病已成为最新的研究焦点。

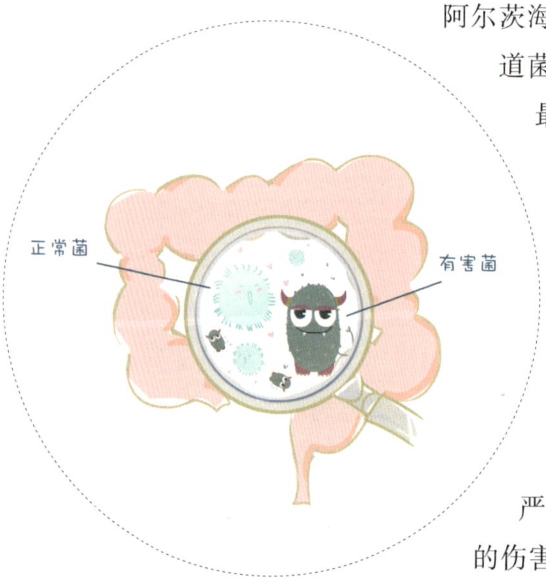

6. 白领"肠失态"

近期发生在某大城市的一则新闻吸引了很多人的眼球。40位女性在街头上演了一场名为"孤独沙发"的行为艺术：40位孤独的女性集体站上沙发，呼吁"816不加班"。她们举牌向自己的丈夫严正抗议，控诉丈夫加班给家庭带来的伤害，场面十分震撼。她们统一穿着单薄的睡衣，就像在家里那样默默地等待着丈

正常菌　　　有害菌

图3-14　肠道菌群

夫的归来。每个人手中都举着一块纸牌，上面写着她们的心里话，一字一句透露出许多辛酸和无奈。现如今，随着生活压力的加重，人们花在工作上的时间越来越多，相应地分给家庭的时间就越来越少。这场呼吁上班族"816全民顾家日"回归家庭的行为艺术，其意义就在于推动整个社会关注和探讨日趋严重的加班问题。这里说的加班正是当今白领们的工作常态。何为白领？白领是指有较高教育背景和工作经验的人士，是一个从西方传来的生活形态定义。随着社会的进步和经济的发展，如今白领泛指在企事业单位从事脑力劳动的员工。2010年进行的中国城市白领精英人群健康调查显示，买房、父母健康、婚姻和孩子教育成为白领的四大压力源，仅有22%的白领能做到定期体检，高达56%的企业高管存在过度劳累的问题。此外，对全国589个城市的调查还显示，近八成白领人群存在亚健康问题，中年白领提前10年衰老。工作压力加重和日常饮食不规律，都会给肠道增加负荷。（图3-15）

肠道也有正常作息，但现代人的不良习惯很容易影响其功能和健康。对白领肠道造成威胁的不良习惯有：①偏好高脂、高热量食物。长期吃高脂肪、高蛋白的食物，会减少体内的有益菌数量，导致肠道菌群失调。同时，致病菌分泌出的大量毒素被人体吸收后，就容易发生腹泻。②高压生活和焦虑心情。工作紧张繁忙、经常参加应酬、精神压力过重等都会诱发焦虑或抑郁的情绪，导致神经内分泌系统功能失调、肠道生理功能失常，进而造成肠道老化。③不运动。缺乏运动、久坐不动严重影响了肠道消化、吸收、蠕动功能。久而久之，肠道就会怠工，出现便秘，甚至引发痔疮。④滥用抗生素。抗生素往往是"好坏通杀"，长期使用会减弱肠道的抵抗力和免疫力，导致人体免疫力下降、致病菌生长，引起肠道菌群失调。⑤年龄增长。自然的生理变化会导致肠道内有益菌减少，有害菌增多。肠道菌群失调

图3-15　加班与健康的关系

会加速老化，引发疾病。

白领们最容易被慢性疲劳综合征"关照"。慢性疲劳综合征是一种身体出现的慢性疲劳病症，具体定义是指不明原因的慢性疲劳持续或反复发作连续6个月以上，同时伴有低热、全身范围疼痛（如头痛、咽喉痛和肌痛等）以及神经精神等症状。慢性疲劳综合征产生的主要原因是长期的体力和脑力活动、过度紧张。慢性疲劳综合征导致人体神经、免疫、内分泌等诸多系统调节失常，临床出现以疲劳为主的多种组织、器官功能失常的症状。有关慢性疲劳综合征的发病原因至今未被完全阐明，世界各国的科学家们提出了各种假设。许多研究者提出慢性疲劳综合征的产生与病毒感染、免疫失调、过敏、接触有毒化学物质及过度劳累等多种因素有关。其中，很多研究者将慢性疲劳综合征的产生机制与肠道菌群正常平衡被破坏相联系。

肠道菌群失调的表现为肠道细菌的种类、数量、比例、定位和生物学特性上的变化，肠道菌群失调与许多疾病的发生都有关系，容易形成恶性循环，如肠道菌群失调与炎症的发生和发展密切相关。肠道菌群失调可以触发并促进人体出现慢性炎症，其机制可能是由于肠道中的革兰阴性菌细胞壁中的脂多糖嵌入乳糜微粒，带有脂多糖的乳糜微粒随后通过肠道黏膜屏障进入人体的淋巴循环系统，最后通过血液中的脂蛋白和脂多糖结合蛋白转运到各种靶向细胞和组织中，如血管内皮细胞、脂肪和肝脏。在脂肪组织中，脂多糖可诱导巨噬细胞和前脂肪细胞释放促炎因子和趋化因子；在肝脏中，脂多糖可激活肝巨噬细胞的炎症反应，损伤肝细胞；脂多糖可导致动脉粥样硬化斑块的形成和血管的破裂，最终引发心脑血管的病变（图3-16）。

那么，如何引导白领们积极自救，实现健康工作、快乐生活的目标呢？营养学家们建议白领一族要注意合理均衡的营养、规律的作息、适量的运动，以保证肠道的健康；对于经常加班晚睡、工作紧张的白领，建议均衡膳食，有效恢复或维持肠道菌群平衡，让肠道更好地发挥防御系统的作用。此外，人体亚健康状态往往与其肠道微生

图3-16 过度工作容易造成猝死

态失衡同步出现。生物学家们希望通过监测肠道菌群的变化，能够及早地针对亚健康发出预警，并通过改善肠道微生态干预亚健康。目前的相关研究仅限于一些特殊疾病患者的肠道菌群特征，而缺少一个系统的健康人群肠道菌群变化的"标杆"。我们可以首先开展健康人群的肠道菌群调查，了解健康人群肠道菌群的生态状态，探索建立地区人体健康微生态图谱，即通过肠道微生态来反映人体健康状态的指标体系。在此基础上进一步细化性别、年龄段、职业、居住环境等参考指标。如果白领们出现肠道菌群失调，有害菌比例明显上升，就可以通过与正常人体肠道菌群的比对，预判菌群失调的情况及原因，通过饮食、运动、规律的作息甚至药物来保证肠道菌群的平衡状态，有效维护健康。

本章小结

时间都是慢慢地从我们身边溜走的，但是它总会留下许多"蛛丝马迹"。如果我们能握住这些"蛛丝马迹"，就能为自己的健康做主。虽然我们没办法战胜时间，但是至少可以延缓衰老，让我们在有效的时间内过得更好。已有研究发现，其实很多健康问题都是肠道微生物率先表现出异常，如果我们能够重视这些细小的变化，及时调整饮食、益生菌、益生元抑或在专业医生指导下选择肠道菌群移植，而不是直到生病后才重视健康。那么有活力且健康的身体状态保持起来也没那么困难，不是吗？

参考文献

[1] Aroniadis O C, Brandt L J. Fecal microbiota transplantation: past, present and future [J]. Current Opinion in Gastroenterology, 2013, 29 (1): 79-84.

[2] Biagi E, Candela M, Fairweather-Tait S, et al. Aging of the human metaorganism: the microbial counterpart [J]. AGE, 2012, 34 (1): 247-267.

[3] Chávarri M, Marañón I, Ares R, et al. Microencapsulation of a probiotic and prebiotic in

alginate-chitosan capsules improves survival in simulated gastro-intestinal conditions [J]. International Journal of Food Microbiology, 2010, 142 (1−2): 185−189.

[4] Claesson M J, Jeffery I B, Conde S, et al. Gut microbiota composition correlates with diet and health in the elderly [J]. Nature, 2012, 488 (7410): 178−184.

[5] Dinan T G, Cryan J F. Gut-brain axis in 2016: Brain-gut-microbiota axis-mood, metabolism and behaviour [J]. Nature Reviews Gastroenterology & Hepatology, 2017, 14 (2): 69−70.

[6] Duncan S H, Flint H J. Probiotics and prebiotics and health in ageing populations [J]. Maturitas, 2013, 75 (1): 44−50.

[7] García-Lezana T, Raurell I, Bravo M, et al. Restoration of a healthy intestinal microbiota normalizes portal hypertension in a rat model of nonalcoholic steatohepatitis [J]. Hepatology, 2018, 67 (4): 1485−1498.

[8] Gupta A, Thompson P D. The relationship of vitamin D deficiency to statin myopathy [J]. Atherosclerosis, 2011, 215 (1): 23−29.

[9] Holmes E, Li J V, Athanasiou T, et al. Understanding the role of gut microbiome-host metabolic signal disruption in health and disease [J]. Trends in Microbiology, 2011, 19 (7): 349−359.

[10] Horáčková Š, Plocková M, Demnerová K. Importance of microbial defence systems to bile salts and mechanisms of serum cholesterol reduction [J]. Biotechnology Advances, 2018, 36 (3): 682−690.

[11] Jonsson A L, Bäckhed F. Role of gut microbiota in atherosclerosis [J]. Nature Reviews Cardiology, 2017, 14 (2): 79−87.

[12] Kumar M, Rakesh S, Nagpal R, et al. Probiotic *Lactobacillus rhamnosus* GG and aloe vera gel improve lipid profiles in hypercholesterolemic rats [J]. Nutrition, 2013, 29 (3): 574−579.

[13] Marques F Z, Mackay C R, Kaye D M. Beyond gut feelings: how the gut microbiota regulates blood pressure [J]. Nature Reviews Cardiology, 2018, 15 (1): 20−32.

[14] Marques F Z, Nelson E, Chu P Y, et al., High-fiber diet and acetate supplementation change the gut microbiota and prevent the development of hypertension and heart failure in hypertensive mice [J]. Circulation, 2017, 135 (10): 964−977.

[15] Milani C, Duranti S, Bottacini F, et al. The first microbial colonizers of the human

gut: composition, activities, and health implications of the infant gut microbiota [J]. Microbiology and Molecular Biology Reviews, 2017, 81 (4): e00036-17.

[16] Nicholson J K, Holmes E, Kinross J, et al. Host-gut microbiota metabolic interactions [J]. Science, 2012, 336 (6086): 1262-1267.

[17] Núñez I N, Galdeano C M, Carmuega E, et al. Effect of a probiotic fermented milk on the thymus in Balb/c mice under non-severe protein-energy malnutrition [J]. British Journal of Nutrition, 2013, 110 (3): 500-508.

[18] Padmanabhan S, Joe B. Towards precision medicine for hypertension: a review of genomic, epigenomic, and microbiomic effects on blood pressure in experimental rat models and humans [J]. Physiological Reviews, 2017, 97 (4): 1469-1528.

[19] Rauch M, Lynch S V. The potential for probiotic manipulation of the gastrointestinal microbiome [J]. Current Opinion in Biotechnology, 2012, 23 (2): 192-201.

[20] Rutvisuttinunt W, Chinnawirotpisan P, Simasathien S, et al. Simultaneous and complete genome sequencing of influenza A and B with high coverage by Illumina miSeq platform [J]. Journal of Virological Methods, 2013, 193 (2): 394-404.

[21] Sansonetti P J, Medzhitov R. Learning tolerance while fighting ignorance [J]. Cell, 2009, 138 (3): 416-420.

[22] Santisteban M M, Qi Y, Zubcevic J, et al. Hypertension-linked pathophysiological alterations in the gut [J]. Circulation Research, 2017, 120 (2): 312-323.

[23] Tang W H, Kitai T, Hazen S L. Gut microbiota in cardiovascular health and disease [J]. Circulation Research, 2017, 120 (7): 1183-1196.

[24] Vrieze A, Van Nood E, Holleman F, et al. Transfer of intestinal microbiota from lean donors increases insulin sensitivity in individuals with metabolic syndrome [J]. Gastroenterology, 2012, 143 (4): 913-916.

[25] Worthmann A, John C, Rühlemann M C, et al. Cold-induced conversion of cholesterol to bile acids in mice shapes the gut microbiome and promotes adaptive thermogenesis [J]. Nature Medicine, 2017, 23 (7): 839-849.

[26] Xu X, Xu P, Ma C, et al. Gut Microbiota, host health, and polysaccharides [J]. Biotechnology Advances, 2013, 31 (2): 318-337.

[27] Yang T, Richards E M, Pepine C J, et al. The gut microbiota and the brain-gut-kidney

axis in hypertension and chronic kidney disease [J]. Nature Reviews Nephrology, 2018, 14 (7): 442-456.

[28] Yeretssian G. Effector functions of NLRs in the intestine: innate sensing, cell death, and disease [J]. Immunologic Research, 2012, 54 (1-3): 25-36.

[29] Zhao L, Shen J. Whole-body systems approaches for gut microbiota-targeted, preventive healthcare [J]. Journal of Biotechnology, 2010, 149 (3): 183-190.

技术篇

第四部分

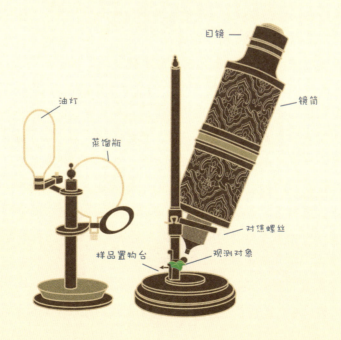

油灯

蒸馏瓶

目镜

镜筒

对焦螺丝

样品置物台

观测对象

一、基因测序技术：
菌群研究的放大镜

　　遗传密码子的破译为人类探索生命的奥秘打开了一扇大门。遗传密码子是由奥地利物理学家薛定谔（Schrodinger）最先提出的。克里克（Crick）和布伦纳（Brenner）首次利用原黄素把单个基因删除或者插入 T₄ 噬菌体的某一基因中。结果发现，加入或减少一个或两个碱基都会引起基因突变，而加入或减少 3 个碱基却可以成功合成功能蛋白。在此基础上，尼伦伯格（Nirenberg）借助大肠杆菌研究并确定了蛋白质是由 RNA（而非 DNA）指导合成的。于是，尼伦伯格人工构建出一条只含 U（uracil，以下简称 U）的特殊 RNA 序列，即多聚 U（即 UUU……，之所以选择 U，是因为 U 是 RNA 区别于 DNA 的碱基）。随后，马特伊（Matthaei）又将多聚 U 加到含有核糖体和其他蛋白质合成所必需的细胞元件的体外无细胞蛋白质合成体系中，同时将该体系分为 20 份，每份添加一种氨基酸，共有 20 种。在添加了放射性核素标记的苯丙氨酸体系中检测到合成的蛋白质具有放射性，而其他氨基酸均未检测到放射性。由此可以断定，苯丙氨酸的密码子是 UUU，这就是人类破译的第一个密码子。

　　现在已知蛋白质翻译时需要核糖体首先识别 mRNA 的起始密码子，才可进行随后的翻译，但多聚 U 不具备这种特征，因此应无法完成翻译。在当时，尼伦伯格并不知道这个事实。但巧合的是，尼伦伯格和马特伊应用的无细胞蛋白质合成体系中加入了正常数量 2 倍的镁离子。后来发现，正是这个失误弥补了翻译时核糖体对起始密码子的要求，从而使多聚 U 也可完成翻译，生成多聚苯丙氨酸。

（一）基因——书写所有生命的遗传密码

你身上所有的遗传秘密，都被写在一本"天书"里，这本"天书"里的"字"是碱基，"段落"是基因，"篇章"是基因组。其中，人体自身的基因组是最华丽的一个"篇章"，而与人体共生的微生物们，则占据了更大的篇幅。

众所周知，基因是遗传的基本单位，每个基因都是基因组内的一段序列，它通过产生肽链或 RNA 而发挥作用。人们对基因的认识经历了由简单到复杂，由浅到深的过程。1865 年，孟德尔（Mendel）提出每种生物性状是由遗传因子决定的（图 4-1）；1909 年，丹麦遗传学家约翰森（Johannsen）将其定义为基因，而那时的基因，还只是一种逻辑推理的产物。1910 年，摩根（Morgan）通过果蝇杂交实验证实了基因在染色体上呈线性排列，赋予了基因真正的物质内涵。

既然知道基因是一种物质，科学家们下一步的工作就是搞清楚它究竟是何种物质。1944 年，爱维（Avery）等通过肺炎双球菌的体外转化实验证明，脱氧核糖核酸（DNA）是遗传物质。这一结论于 1952 年被赫尔歇（Hershey）和恰斯（Chas）证实，并指出，"基因是有一定遗传功能的 DNA 片段"，这个概念一直被沿用至今。比德尔（Beadle）和泰特姆（Tatum）于 1941 年提出"一个基因一种酶"的假说，后来被更改为"一个基因一种多肽"，这表明基因是通过多肽来控制遗传性状的。这些研究结果均说明，基因是最小且不可分割的基本遗传单位，DNA 是基因的物质基础。

将遗传信息锁定于 DNA

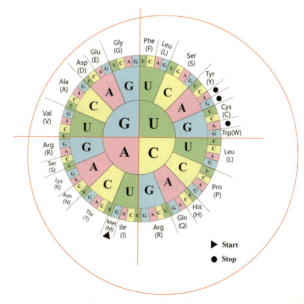

图 4-1　生命的遗传密码子

之后，人们开始好奇，DNA 的结构是什么样的呢？第一个 DNA 分子结构的双螺旋模型由沃森（Watson）和克里克（Crick）在 1953 年构建得到。即 DNA 分子具有反向平行的双螺旋链，核苷酸通过 5'-3'- 磷酸二酯键相连，骨架在外部，嘌呤和嘧啶碱基成对堆积在内部，腺嘌呤（adenine，以下简称 A）与胸腺嘧啶（thymine，以下简称 T）互补配对，鸟嘌呤（guanine，以下简称 G）与胞嘧啶（cytosine，以下简称 C）互补配对。在半保留复制过程中，DNA 双链需要打开，并遵循碱基互补配对原则合成子链。由此，DNA 分子的神秘面纱被逐渐揭开，也为后续研究奠定了理论基础。

随着研究的不断深入，基因的概念也被进一步丰富起来。1957 年，布泽尔（Benzer）利用 T_4 噬菌体不同突变型进行重组和互补实验，提出了顺反子的概念，顺反子是基因的同义词，一个顺反子是一个功能水平的基因，具有功能的完整性和结构上的可分割性。1961 年，雅各布（Jacob）和莫诺（Monod）提出了大肠杆菌乳糖操纵子模型。该模型将基因分为结构基因、操纵基因、起始基因和调节基因，说明基因在结构和功能上均是可分的。借此发现，雅各布（Jacob）和莫诺（Monod）获得了 1965 年的诺贝尔生理 – 医学奖。1977 年，贝格尔（Berger）等人发现，某些基因的编码序列是不连续的，即断裂基因或不连续基因，将编码蛋白质的序列称为外显子，非编码的序列称为内含子。断裂基因的存在表明，一个顺反子可分为若干个单元。同年，桑格（Sanger）等人在噬菌体的研究中发现，有时两个基因可以共用一段重叠的核苷酸序列，这一发现证实了基因是断裂的，且彼此间存在重叠。1932 年，麦克林托克（Meclintock）发现玉米籽粒色素斑点不稳定遗传的现象，并于 1951 年提出了转座子（染色体上存在的可移动控制因子）的概念。但受传统观念"基因是固定在染色体的一定位置上"的束缚，当时麦克林托克的基因可移动的概念并未被接受，直到 20 世纪 70 年代，转座子才得到公认。

现代基因的概念认为，基因是一段合成有功能产物（多肽或 RNA 分子）的完整 DNA 序列。组成基因的 DNA 序列包括编码初级转录物的全部序列，正确启动转录和转录物加工所必需的序列，调节转录速率所必需的序列。现代基因概念中着重强调了基因的功能性和结构的完整性，即基因含编码区和转录调控区及内含子序列等，将基因的结构与功能紧密结合。在基因组学的研究中，也正是利用基因的功能性和结构的完整性对相关基因进行界定。

（二）一气呵成写"天书"——基因测序和遗传信息解读

如何看懂这本包含生命所有遗传奥秘的基因"天书"？可以分为两步：第一步，翻开"天书"，一字一字地读下去；第二步，把读到的信息放到"字典"里，查询"天书"中每一个"单词"的含义。

这个一字一句"读书"的过程，便是基因测序了。基因测序被广泛应用于基因诊断、生物技术、生物信息学、法医生物学等多个领域。基因测序技术最早出现于 1945 年，惠特菲尔德（Whitfeld）等利用化学降解法测定多聚糖核酸序列，即利用磷酸单酯酶的脱磷酸化作用和高碘酸盐的氧化作用，从 DNA 分子末端逐一分解单脱氧核苷酸进行测序。由于该方法操作过程过于烦琐，易产生错误，并没有被广泛使用。1977 年，桑格（Sanger）等人利用双脱氧核苷酸末端终止法对噬菌体 ϕX174 的 5375 个碱基进行测序。与此同时，吉尔伯特（Gilbert）等人也在 1976—1977 年发明了化学法（链降解）对 DNA 进行测序。这些事件标志着人类的第一代测序技术的诞生，桑格和吉尔伯特也因此共同获得了 1980 年的诺贝尔化学奖。自此，人类获得了窥探生命遗传秘密的手段。桑格（以下称为 Sanger）测序法采用边合成边测序的思想，利用双脱氧核苷酸在 DNA 合成反应中不能与其他核苷酸分子形成磷酸二酯键的原理，当双脱氧核苷酸结合到 DNA 分子链上，新链合成被终止。Sanger 测序法被认为是一种经典的测序技术，被广泛应用，其测序思想被许多二代测序方法所采用。

测序技术经过 20 多年的发展，2005 年，454 生命科学公司在《自然》杂志上发表了一篇文章，介绍了一种边合成边测序的技术，比传统的 Sanger 测序法快 100 倍。自此二代测序技术登上测序舞台，随后二代测序技术又出现了 Illumina 公司的边合成边测序技术和美国应用生物系统（Applied Biosystems，以下简称 ABI）公司的寡核苷酸连接测序及检测（sequencing by oligonucleotide ligation and detection，以下简称 SOLiD）技术。二代测序技术需要将待测序列打断成小分子序列，利用聚合酶链反应（polymerase chain reaction，以下简称 PCR）技术对小分子序列进行扩增，将基因组分开平行测序，再重新组装成基因组。该技术采用大规模矩阵结构的微阵列分析技术，大大提高了测序的通量和速度，降低了测序成本。但二代测序技术测序前要对待测序列进行 PCR 扩增，会引入错误和偏向，且不适用于未知复杂基因组的全新测序。

近几年，又出现了三代测序技术，如美国螺旋生物科学公司（Helicos Bioscience Company，简称 Helicos 公司）的单分子测序技术、美国太平洋生物科学公司（Pacific Biosciences Company，以下简称 Pacbio 公司）的单分子实时（single molecule real time，以下简称 SMRT）测序技术和牛津纳米孔科技有限公司（Oxford Nanopore Technologies Limited Company，简称 ONT）的纳米孔单分子测序技术。测序技术正向着高通量、低成本、长读取长度的方向发展。

▶ （三）一代测序技术

测序技术是分子生物学研究中最常用的技术，它的出现极大地推动了生物学的发展。成熟的测序技术始于 20 世纪 70 年代中期。1977 年，马克萨姆（Maxam）和吉尔伯特（Gilbert）报道了通过化学降解测定 DNA 序列的方法。同一时期，桑格发明了双脱氧链终止法。20 世纪 90 年代初出现的荧光自动测序技术将 DNA 测序带入自动化测序的时代。这些技术统称为一代测序技术。

一代测序技术在分子生物学研究中发挥过重要的作用，如人类基因组计划主要基于一代测序技术。目前基于荧光标记和桑格的双脱氧链终止法原理的荧光自动测序仪仍被广泛地应用。

1. 一代测序技术的原理

一代测序技术是基于双脱氧链终止法，又称为 Sanger 测序法，其核心原理：核酸模板在 DNA 聚合酶、引物、4 种单脱氧核糖核苷三磷酸（deoxyribonucleoside triphosphate，以下简称 dNTP，其中的一种用放射性 ^{32}P 标记）存在的条件下复制时，在四管反应系统中分别按比例引入 4 种双脱氧核糖核苷三磷酸（以下简称 ddNTP）。因为双脱氧核苷没有 3'-OH，所以只要双脱氧核苷掺入链的末端，该链可以就停止延长；若链末端掺入单脱氧核苷，链就可以继续延长。如此，每管反应体系中便可以合成以各自的双脱氧碱基为 3' 端的一系列长度不等的核酸片段。

反应终止后，分 4 个泳道进行凝胶电泳，分离长短不一的核酸片段，长度相邻的片段相差一个碱基。经过放射自显影后，根据片段 3' 端的双脱氧核苷，便可依次读取合成片段的碱基排列顺序。Sanger 测序法因操作简便，得到广泛的应用。后来在此基础上发展出多种 DNA 测序技术，其中最重要的是荧光自动测序技术。

荧光自动测序技术基于 Sanger 原理，用荧光标记代替同位素标记，并用成像系统自动检测，从而大大提高了 DNA 测序的速度和准确性。20 世纪 80 年代初，乔根森（Jorgenson）和卢卡奇（Lukacs）提出了毛细管电泳技术（capillary electrophoresis，简称 CE）。1992 年，美国的马蒂斯（Mathies）实验室首先提出阵列毛细管电泳（array capillary electrophoresis）法，并采用激光聚焦荧光扫描检测装置，拥有 25 支毛细管，每支毛细管在 1.5 h 内可读取 350 bp，DNA 序列分析效率可达 6000 bp/h。1995 年，伍利（Woolley）研究组用该技术进行测序研究，使用四色荧光标记法，每个毛细管长 3.5 cm，在 9 min 内可读取 150 bp，准确率约为 97%。目前，应用最广泛的 ABI 公司 3730 系列自动测序仪是基于毛细管电泳和荧光标记技术的 DNA 测序仪。如 ABI 3730XL 测序仪拥有 96 支毛细管，4 种双脱氧核苷酸的碱基分别用不同的荧光标记，在通过毛细管时不同长度的 DNA 片段上的 4 种荧光基团被激光激发，发出不同颜色的荧光，被电荷耦合装置（charge coupled device，简称 CCD）检测系统识别后，直接翻译成 DNA 序列。

2. 一代测序技术的基本步骤

一代测序技术的操作流程如下。

（1）分离、纯化 DNA 模板

使用质粒提取试剂盒或者切胶纯化的方法得到相应的质粒模板或者 PCR 产物。

（2）得到 DNA 模板后，进行定量分析

使用琼脂糖凝胶电泳检查 DNA 模板的质量；使用紫外分光光度计定量 DNA 模板，DNA 模板的浓度应大于 0.1 μg/μL，以满足测序反应需求。

（3）启动测序反应

加入模板、引物及按一定比例混合的带有荧光标记的 ddNTPs 后，进行 PCR 反应。与普通 PCR 不同的是，测序 PCR 使用单向引物且对模板的浓度及纯度要求相当高。

（4）测序反应后纯化

选用乙醇沉淀（利用 96 孔板离心机离心分离）等方法去掉反应产物中的

dNTP、ddNTP 和盐分，得到 DNA 测序反应产物。

（5）上机测序

加入高度去离子甲酰胺（highly deionized formamide，简称 HiDi）变性后上机（ABI 3730XL）测序。荧光标记的 DNA 链按从小到大的顺序被毛细管电泳分离，激光诱导的荧光终止剂被检测器识别，直接读取 DNA 的核苷酸序列。

（6）下机数据分析

原始下机结果为 ABI 格式的峰图文件，可用 Chromas、Sequencher 等综合性软件打开后输出序列文件，进行后续生物信息学分析（图 4-2）。

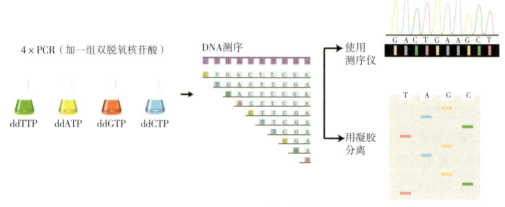

图 4-2　Sanger 测序法的步骤

3. 一代测序技术的主要特点

一代测序技术的测序过程细致，质控环节多，不容易污染，测序结果直观可视，不用建库，因而假阳性结果极低。通过几十年的逐步改进，一代测序技术的测序读长可以超过 1000 bp，原始数据的准确率可以高达 99.999%。可以分辨出碱基置换、颠换、缺失和插入 4 种变异形式。因此，Sanger 测序法是目前所有基因检测方法（包括荧光定量 PCR 中的 Taqman 探针法、普通 PCR 法、基因芯片法、二代测序技术等）的基础。科研领域发表基因检测相关文章，通常需要有 Sanger 测序法验证数据予以支持。

此外，针对个性化基因检测，一代测序技术有着天然的价格优势。由于应用于临床的测序要求是目标明确、结果精准、通量小，Sanger 测序法正好具备这些特点，不仅可以进行个性化位点检测，还可以任意选择单项进行测序，因而非常适用于临床检测。

当然，一代测序技术也存在一些实际应用层面上的、目前难以跨越的局限，比如，灵敏度较低、通量小、成本高等。Sanger 测序法的检测灵敏度为 10% ~ 15%，然而肿瘤标本中突变型等位基因的比例为 0% ~ 100%，各种比例都有可能，那么对于那些突变比例低于 10% 的标本，如果用一代测序技术进行检测，就很难发现突变了。此外，一代测序技术只能逐段测序，通量小、速度慢、检测时间长，无法完成全基因组层面的分析。而且，一代测序技术只能检测到部分突变形式，无法确定涵盖基因的重排、融合、扩增等情况，检测范围受限。

4. 一代测序技术在微生物研究中的应用

（1）微生物 De novo 测序

De novo 测序也叫从头测序，不依赖任何基因序列信息即可对某个物种进行测序。用生物信息学的分析方法对序列进行拼接、组装，从而获得该物种的基因组序列图谱。从基因组水平上对物种的生长、发育、进化、起源等重大问题进行研究，以加深人们对物种的认识，在新基因的发现、物种改良等方面发挥了巨大的作用。

基于一代测序技术的全基因组测序有两种策略：一是全基因组散弹（whole genome shot-gun，以下简称 WGS）法。这种方法主要是利用物理方法将基因组 DNA 打断，筛选出 2 kb 左右的片段进行克隆，对克隆片段进行测序和序列组装，最终得到整个基因组序列；二是逐步克隆法（clone by clone）。将基因组 DNA 构建细菌人工染色体（bacterial artificial chromosome，以下简称 BAC）文库，用限制性酶获得指纹，根据指纹重叠方法组建 BAC 克隆重叠群，根据序列标志位点（sequence tagged sites，简称 STS）标记，将 BAC 克隆重叠群锚定在物理图上。每个 BAC 克隆内部采用鸟枪（shot-gun）法测序、组装，然后将 BAC 插入顺序与 BAC 克隆指纹重叠群对比，最后将已得到的顺序锚定到物理图上。两种策略相较而言，WGS 法不需要遗传背景、速度快、费用低、对计算机性能要求较高，适用于构建工作框架图；而逐步克隆法需要构建精细的物理图谱、速度慢、费用高、对计算机性能要求较低，能够得到精细图。

（2）全基因组重测序（whole genome resequencing）

全基因组重测序是对已知参考基因组序列的物种进行不同个体间的基因组测序，并在此基础上对个体或群体进行差异分析。通过全基因组重测序可以找到大量的单核苷酸多态性位点（single nucleotide polymorphisms，简称 SNPs）、插入缺失（insertion loss，简称 InDel）、结构变异（structure variation，简称 SV）、拷贝数变异（copy number variation，简称 CNV）等变异信息。应用范围涉及临床医药研究、群体遗传学研究、关联分析、进化分析等众多领域。全基因组重测序技术路线与 De novo 测序基本一致，区别在于前者需要参考序列，并且参考序列的物种要与待测序列物种一致；而全基因组重测序的结果不需要组装，只需要对比即可。De novo 测序一般针对尚无全基因组序列信息的物种，它需要进行从头测序，通过组装和拼接之后才能知道序列信息。

随着测序技术的发展，二代大规模高通量测序技术的出现使单个碱基的测序成本大幅度降低，同时测序通量大大提高。一代测序技术在全基因组测序及 De novo 测序中仅起到辅助、拼接、组装的作用。

（3）多位点序列分型（multilocus sequence typing，以下简称 MLST）

MLST 是一种基于核酸序列测定的细菌分型方法，通过 PCR 扩增多个管家基因内部片段，测定序列，分析菌株的变异，从而进行分型。与传统分子生物学分型方法相比，MLST 具有更高的分辨力，能将同种细菌分为更多的亚型，并确定不同序列型（sequence type，简称 ST 型）之间的系统发育关系及其与疾病的联系。

MLST 操作简单，能快速得到结果并且便于不同实验室比较研究结果，已经被用于多种细菌的流行病学监测和进化的研究。随着测序速度的加快、成本的降低以及分析软件的发展，MLST 逐渐成为常规的细菌分型方法。目前，MLST 已经成为细菌分子流行病学研究的一种重要方法，可通过数据库与其他国家或地区的研究结果进行比对，更加全面地认识本地区细菌流行的特征。

（4）短串联重复序列（short tandem repeat，以下简称 STR）检测

STR 也称作微卫星 DNA，是由几个碱基对作为核心单位串联重复形成的 DNA 序列。STR 广泛存在于真核生物基因组中，具有高度的多态性。按孟德尔遗传定律来分析，STR 呈共显性遗传，是目前最理想的 DNA 遗传标记。STR 分析已经成为一种重要的鉴定分析方法，广泛被应用于遗传制图、连锁分析、亲子鉴定、个体识别、疾病基因定位和物种多态性研究等领域。其技术路线：获得基因组后，针对其特定的多态性区域设计荧光标记的引物进行 PCR 扩增，然后对扩增产物进行测序分析，从而确定某个位点具体有多少个重复序列，同时可绘制 STR 图谱，利用图谱可以非常精确地实现个体鉴别。

（5）菌种鉴定

近年来，随着分子生物学的发展和各项新技术的广泛应用，微生物的分类鉴定工作有了飞速的发展。微生物的鉴定工作已从经典的表型特征鉴定发展为现代遗传学特征鉴定。通过 DNA 测序对微生物进行菌种鉴定是比传统生化鉴定更先进的鉴定方法。DNA 测序不依赖菌种本身的特点，对所有菌种均适用，比传统生化鉴定更加快速、准确。

该方法的技术路线：①提取基因组 DNA。②针对 16S 核糖体 DNA（ribosomal DNA，以下简称 rDNA）、18S rDNA 或内部转录间隔区（internal transcribed spacer，以下简称 ITS）rDNA 设计保守的扩增引物进行扩增。③若为单一菌种，将扩增片段直接测序；若菌种不纯则将扩增片段经过 TA 克隆后再测序。④与基因库（GenBank）中的已知序列进行同源性比较后，判定菌种种类，将菌种划分到属或种。

DNA 测序技术经过 30 多年的发展，目前已经发展到了三代测序技术，这三代测序技术各有各的优势。一代测序技术虽然成本高、速度慢，但是对于少量的序列来说，它仍是最好的选择，特别是在医学测序、健康管理的精准检测，以及验证二代测序和芯片测序的测序结果等方面仍是主要的检测手段。所以在未来的一段时间内，它仍将存在。

（四）二代测序技术

1. 二代测序技术的兴起

从 1977 年 DNA 测序技术的首次建立到 2011 年宣告耗资数十亿美元的人类基因组计划的完成，证明了人类有能力对自身及其他物种的遗传信息进行研究。然而一代测序技术高昂的物力和时间成本严重阻碍了其被大规模地应用。传统的 Sanger 测序法已经不能完全满足研究的需求，对模式生物进行基因组重测序以及对一些非模式生物的基因组测序都需要费用更低、通量更高、速度更快的测序技术，二代测序技术应运而生。

2005 年年底，454 生命科学公司推出了第一个基于焦磷酸测序原理的高通量基因组测序系统——基因组测序仪 20 系统（Genome Sequencer 20 System），这是核酸测序技术发展史上里程碑式的事件。随后，罗氏公司以 1.55 亿美元收购了 454 生命科学公司，并在 2006 年推出了更新的基因组测序仪 FLX 系统（genome sequencer FLX system，以下简称 GS FLX）测序系统，该系统可在 10 h 的运行时间内获得 100 万条读长（reads），4 亿 ~ 6 亿 bp，且准确率达 99% 以上。2006 年，Solexa 公司也推出了自己的二代测序系统——基因组分析仪（genome analyzer，简称 GA）。这套基于 DNA 簇（DNA cluster）、桥式 PCR（bridge PCR）和可逆终止（reversible terminator）等核心技术的系统具有高通量、低错误率、低成本、应用范围广等优点。2007 年，Illumina 公司以 6 亿美元的高价收购了 Solexa 公司，使基因组分析仪得以商业化。2007 年，ABI 公司（后被美国生命技术公司收购）继推出一代测序仪器 ABI 3730XL 之后，不甘落后也推出了自己的 SOLiD 测序平台。自此，整个二代测序领域的 3 大平台迅速发力，测序效率明显提升、时间明显缩短、费用明显降低，基因检测手段有了革命性的变化（图 4-3）。

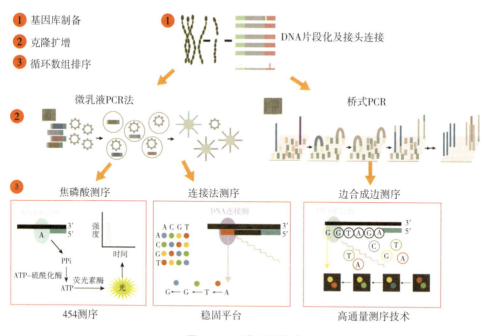

图 4-3　二代测序技术

　　随着时间的不断推移，3 大测序平台靠着各自的优势积累了众多的科研成果，454 测序仪以超长长度著称，在测序读长达到 400 bp 时，测序准确率仍然高达 99%。SOLiD 测序技术的最大优势就是高度准确，测序过程中，每个碱基读取 2 遍，准确率高达 99.99%，且对于高 GC 样本有着巨大的优势。Illumina 公司的测序（简称 HiSeq）平台以高通量、低成本驰骋到现在，最早期的基因组分析仪一次运行（run）只能获得 1 Gb 的数据，而于 2015 年推出的 HiSeq X10 系统以及 2017 年推出的 NovaSeq 系统更是达到 1.8 T/run 和 3 T/run 的速度，使测序成本大幅度地降低，百美元基因组时代即将来临。

不过，随着测序技术以及各家测序平台公司的运营策略不断的更新发展，SOLiD 于 2013 年淡出市场，同年罗氏公司宣布关闭 454 测序业务，并决定于 2016 年全面终止基因测序科研服务，这就标志着风靡一时的 454 测序仪逐渐淡出公众视野。现在，市面上的"三大元老"仅 Illumina 公司仍活跃在基因测序科研服务市场，但美国生命技术公司在 SOLiD 退出市场的同时，陆续发布的 Ion PGM 和 Ion Proton 两款测序设备，在医学应用上继续绽放光芒。

2. 以 Illumina 测序平台为代表的二代测序技术的原理

Illumina 测序技术结合了微阵列技术和专有的可逆终止技术进行大规模平行的边合成边测序。其主要思路：①将 DNA 分子进行片段化处理，通过接头序列使基因组 DNA 或 cDNA 的随机片段附着到光学透明的流动槽（flow cell）表面。②通过桥式扩增来形成数以亿计的 clusters，每个 cluster 有 1000 ~ 6000 拷贝的相同 DNA 模板。③加入带有荧光标记的 dNTP，这些 dNTP 的 3' 羟基末端带有可切割的终止基团，使测序过程中每个循环仅掺入一个碱基。④通过激光激发加入的 dNTP 荧光基团来读取荧光信号，获得每条待测 DNA 分子上加入的脱氧核糖核苷酸种类（A、T、C 或 G）。⑤将该 dNTP 的终止基团切割掉后，再进行下一个脱氧核苷酸的测序，直至达到设定的测序读长。

3. 二代测序技术的基本步骤

（1）文库构建

将待测的基因组 DNA 片段化成几百 bp，然后两端加上特定的接头序列（adater，与流动槽上的接头序列互补）。若是 RNA 样品，需先将 RNA 样品片段化后逆转录成 cDNA，然后再加上接头序列。

（2）锚定桥接

流动槽表面有很多被固定的单链接头，可以将构建好的文库变性处理成单链的 DNA 分子，然后将得到的单链 DNA 分子与流动槽上的接头互补配对，供下一步簇生长（cluster generation）使用。

（3）簇生长

为了放大待测序列的荧光信号，需要对锚定的 DNA 分子进行扩增。通过加入不含荧光的普通 dNTP 进行固相桥式 PCR 扩增，经过一定的循环数，流动槽上面就会有上百万条的 clusters 分布，一个 cluster 即一条待测 DNA 分子。

（4）单碱基延伸测序（single base extension and sequencing）

在测序过程中，加入带有 4 种不同荧光标记的且 3′ 端羟基被阻断的 dNTP 以及对应的扩增试剂。在每一个 cluster 合成一个脱氧核苷酸时，对应的荧光信号就会被测序仪捕获，转化为待测分子的序列信息，此过程也称为碱基读取（base reading）。

4. 二代测序技术的特点

鉴于一代测序技术成本高、通量低等缺点，严重影响了其真正大规模的应用。二代测序技术得到了迅猛发展，在科研服务、临床医学、分子育种等方面都有广泛的应用。

二代测序技术的两大主要特点决定了其在基因测序行业的绝对领先地位。一是，二代测序技术通量极高，每个运行测定的数据量可以达到 1.8 ～ 3 T。高通量数据的产出为人类、动植物及微生物的高深度测序和精确解读提供了良好的应用平台。二是，二代测序技术极大压缩了基因测序的成本。经过二代测序技术的不断发展，人类基因组测序的成本趋于百美元。相较于一代测序数亿元的成本有大幅度地降低，也大大降低了测序的准入门槛，帮助测序技术真正的"走下神坛，迈向大众"。然而，在二代测序技术大规模应用的同时，也发现其存在读长短、PCR 引入扩增误差等问题。这就是二代测序技术的瓶颈所在，也直接促进了多代测序技术互为补充、百花盛放的测序局面的形成。

5. 二代测序技术在微生物研究中的应用

（1）微生物基因组测序

原核生物的基因组的大小普遍为几百 kb 至数 Mb，真菌基因组的大小相对差异较大，范围可从几 Mb 到几百 Mb。随着二代测序技术的不断发展，大量细菌和真菌的基因组信息得到了测定。细菌基因组测序可以通过高深度测序和生物信息分析，获得细菌基因组的编码和变异信息。按照是否有近缘参考基因组和不同的信息分析策略，又可以将微生物基因测序细分为基于全基因组组装的微生物 De novo 测序和基于近缘参考序列比对的微生物基因组重测序。

　　一般来说，通过对临床或工农业生产、自然环境中分离得到的具有特异性状的变异菌或新分离的菌株进行精细组装，并与已报道的近缘菌株信息进行比较来获得该菌株的基因信息以及与参考序列间的变异信息，来解释菌株重要性状（如毒力、耐药性等）的分子机制。针对从自然环境中长期搜集的菌株或大规模暴发的临床病原菌，通过大规模测序和生物信息分析手段可以获得这些菌株的系统进化关系。同时，也可以结合地理因素及性状特征等要素深入探讨菌株的进化传播机制、历史种群大小及致病和耐药等性状的产生原理，为医学和工农业生产提供更多帮助（图 4-4）。

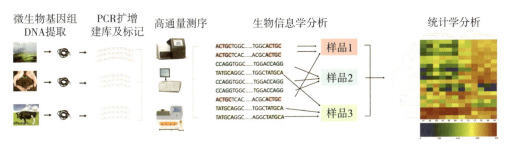

图 4-4　微生物基因组分析流程

（2）扩增子测序（amplicon sequencing）

　　自然和人体环境中的微生物都以群落的方式聚集和存在，并通过微生物自身及其代谢产物的作用协同影响所生活的环境。微生物的世代时间短、繁殖快，其种群大小及不同种群的分布情况也都会实时响应环境的变化。因此，对环境中的微生物物种分布情况进行研究，就显得尤为重要。

　　扩增子测序又称微生物多样性测序，通过扩增环境中总 DNA 的特定区域，绕过微生物培养瓶颈，高效评估多样品环境中特定微生物群落的分布、丰度变化和群落组成情况。随着高通量测序技术的不断发展，微生物扩增子测序技术已成为微生物群落比较和差异分析的主流研究手段之一，广泛用于环境、医药、健康、工农业等各产业的菌群筛查和多样性分析。

　　针对不同的研究需求，一般选择扩增 16S rDNA 高变区来区分不同环境或疾病样品的细菌和古菌群落，选择 ITS rDNA 区域扩增来评估真菌群落，选择 18S rDNA 高变区测序来研究以原生动物等为主的真核微生物群落。此外，也可通过特定的功能基因测序等来揭示特定功能相关的环境微生物群落分布信息。

（3）宏组学技术

微生物无所不在，无论是在哪种环境下，微生物的丰度、分布、功能和代谢物都在实时地发生改变，这也就催生了以宏基因组为代表的宏组学技术的诞生。

宏基因组学（metagenomics）这一概念最早是在 1998 年由威斯康星大学植物病理学部门的乔·汉德尔斯曼（Jo Handelsman）等提出的，是源于将来自环境中的基因簇可以在某种程度上当成一个单个基因组来研究和分析的想法，而宏的英文是"meta-"，具有更高层组织结构和动态变化的含义。后来伯克利分校的研究人员陈凯文（Kevin Chen）和利奥·帕切特（Lior Pachter）将宏基因组定义为"应用现代基因组学的技术直接研究自然状态下的微生物有机群落，而不需要在实验室中分离单一菌株的科学（A way of accessing the genes of bacteria from an environment by avoiding the culturing step）。"宏基因组学的特点是直接应用提取的环境微生物总 DNA，不经扩增直接将其打断，构建小片段文库，进行高深度测序，通过小片段 DNA 的组装还原完整基因组。宏基因组学的研究不仅能得到特定群落的微生物种群分布和多样性情况，还可获得组装后的基因功能和代谢网络信息。该方法已成为全面分析环境微生物群落结构的中坚力量。

宏基因组被大范围应用于微生物群落研究，在人体疾病标志物发现、人体健康调控、人体和动物营养干预、环境健康评估等领域成果斐然。当外界的环境发生变化时，这些微生物群体对环境的应答也会发生变化，导致基因在 mRNA 水平上的表达也会大有不同。因此，基于 RNA 水平也就是转录层面的宏转录组（metatranscriptome）研究也逐渐成了主流。

说到宏转录组的概念，就不得不提起转录组这个经典概念。1997 年，维尔库来斯库（Velculescu）博士首次提出转录组（transcriptome）的概念，即特定细胞在特定时间内所表达的 mRNA 总和。后来转录组的概念逐渐延伸到动植物乃至原核生物。当转录组的概念被应用到微生物群落时，衍生出了宏转录组这一新的概念。微生物多样性测序、宏基因组测序和宏转录组测序互相验证、互相补充，同时结合小分子代谢物和蛋白质等的检测，已成为全面检测微生物群落的有力工具。

（4）病原微生物检测

二代测序技术成本的降低和测序成本降低后产生的巨大数据，直接促进了未知和难培养的病原菌快速检测技术的快速发展。基于二代测序技术的病原微生物检测，测序覆盖度高，检测结果较传统的更准确。此外，它可以对原始标本和病毒含量低的样本进行测序，绕开烦琐的分离提纯过程，避免冗余的分离培养条件探索，节约了检测时间；它还可以直接对变异频繁的病原体进行测序，完美地解决了流感病毒变异频繁的问题；它也能够对混合样本进行测序，排除其他病原体的感染。

二代测序技术作为一个非常有利的技术武器，大大促进了传染病防控能力的提升。同时也标志着传染病诊治开始进入精准医学时代，临床微生物研究的大幕开启。

6. 二代测序技术的发展

二代测序技术要先对基因组 DNA 进行打断和扩增。这一过程往往会引入误差，并且无法很好地实现完整基因组的组装，从而使整个基因组的测序变得尤为困难。2008 年，Heliscope 单分子测序仪上市，它与前面介绍的 Illumina 测序技术类似，都用了可逆终止的方法，但无须前期扩增，不会引入偏向性。由于 Heliscope 单分子测序仪售价太高，阻碍了其销售。近年来，以 PacBio 测序为代表的三代测序技术逐渐兴起。PacBio 三代测序又称作 SMRT 测序，该方法基于纳米小孔的单分子读取技术，无须扩增即可快速完成序列读取。PacBio 公司自 2013 年成功推出商业化的三代测序仪 PacBio RS Ⅱ后，三代测序技术开始被广泛应用于基因组研究。2014 年，第一个消费级别的 nanopore 测序仪的原型机 MinION 在英国牛津纳米孔科技有限公司诞生。nanopore 测序仪通过监测次级信号、光、颜色或 pH 值等来进行碱基序列的读取，可以直接对天然的单链 DNA（single-stranded DNA，简称 less DNA）分子进行读取。由于 MinION 具有极高的便携性，在临床诊断中以及那些不容易到达的地方有广泛的应用前景。PacBio 公司经过不断的改良和升级，在 2015 年 10 月推出全新升级的三代测序仪 PacBio Sequel 测序系统，因为具有长读长、高通量、高准确率等特点，定将为研究领域带来全新的三代测序体验。

（五）三代测序技术

1. 三代测序技术的原理

SMRT 测序采用边合成边测序的方法（图 4-5），利用 4 色荧光标记的 dNTP 和零模波导（zero mode waveguides，以下简称 ZMW）孔，完成对单个 DNA 分子的测序。在每个 ZMW 孔中，单个 DNA 分子模板与引物结合后，再与 DNA 聚合酶结合，最后被固定到 ZMW 孔底部。在加入 4 色荧光标记的碱基后，DNA 合成开始。带有不同荧光标记的碱基会参照 DNA 模板的碱基顺序按照碱基互补配对原则逐个加入，被连接上 4 种荧光标记的 dNTP 会在 ZMW 孔底部停留较长时间，此时 dNTP 会被激发出特定波长的脉冲波信号，随后机器会根据光的波长与峰值判断出每个被加入的碱基类型。由于 dNTP 的荧光基团标记在磷酸基团上，合成完成后它便会随着磷酸基团自动脱落，这样既保证了检测的连续性，又提高了检测的速度。每秒钟合成 3 个碱基的速度，配上高分辨率的光学检测系统，实现了实时检测。

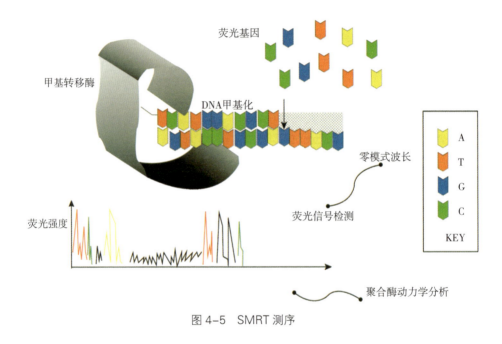

图 4-5　SMRT 测序

2. 三代测序技术的基本步骤

首先，将待测基因组片段化成 3 ~ 10 kb 片段；然后，把片段黏末端变成平端，两端分别连接环状单链，单链两端分别与双链的正负链连接上，得到一个类似哑铃（"套马环"）的结构，称为 SMRT Bell；最后，进行片段筛选。当引物与模板的单链环部位退火后，这个双链部位就可以结合到已固定在 ZWM 底部的聚合酶上。

3. 三代测序技术的策略

（1）标准测序

从插入片段的一端测到另一端，只测一次，适合插入 1 ~ 6 kb 的片段，主要用于重测序和从头测序。

（2）环形比对测序

模板双链打开成环形，先合成正链，跟着合成负链。聚合酶每合成一圈，对于定向目标序列，就相当于 2× 覆盖度。由于合成产物和天然产物一致，聚合酶可以持续合成很长很长的产物，即循环合成很多圈（重复多次）。对于定向单分子目标序列来说，就可以得到很高的覆盖度，即获得很多测序读段（subread），对低丰度的片段也有很高的准确率。本策略适用于稀有突变及需要高精确度的测序。

（3）频闪测序

激光连续照射会影响 DNA 聚合酶的活性，将激光器按照一定的间隔打开和关闭来获得比标准测序更长时间的聚合酶活性，得到一系列分散的读取序列，增加了超长插入片段的物理覆盖率。本策略适合长度高达 10 kb 的插入片段测序，主要用于结构变异的鉴定或对复杂重复区域的拼接。

4. 三代测序技术的特点

相比于二代测序技术，三代测序技术具有很多的先天优势。

三代测序技术可以产出超长的测序读长，以 PacBio 测序为例，平均测序读长达到 10 ~ 15 kb，最长可超过 40 kb。

三代测序技术可有力保证数据的覆盖度，同时绕开了备受诟病的 PCR 扩增过程，直接对原始 DNA 样本进行测序，从作用原理上避免了 PCR 扩增偏好性和 GC 偏好性。

三代测序技术大大拓展了测序技术的应用领域。一方面，它可以直接测定 RNA 的序列，RNA 的直接测序可大幅度降低体外逆转录产生的系统误差；另一方面，它可以在进行基因组测序的同时直接检测碱基修饰，因为 DNA 聚合酶复制 A、T、C、G 的速度是不一样的，根据 DNA 聚合酶停顿的时间不同可以判断模板的 C 是否发生了甲基化修饰。

当然，目前三代测序技术也存在一定的局限，其总体上单读长错误率依然偏高，这成为限制其大范围应用的重要因素。不同于二代测序技术不可消除的系统误差，三代测序技术的错误是随机发生的，这就说明了靠高深度的覆盖度纠错可以降低误差，但同时这也意味着测序成本的同步增加。

目前，三代测序技术正在日新月异的更迭中，已经逐渐实现了数据稳定化、分析软件多元化和测序仪器的小型化，测序价格也在不断下降，并已在部分科学研究中逐渐崭露头角，大规模检测和商业化应用已是大势所趋。

本章小结

人类在认识生命规律的漫长征程中，每一次的重大科学发现都与技术的发展息息相关。X射线衍射技术助力了DNA双螺旋结构的发现，显微镜的发明使人类第一次清楚地看到了细胞的形态……同样，以Sanger测序法为代表的一代测序技术的出现，标志着人类获得了窥探生命遗传差异本质的能力。以GS FLX测序平台、Solexa 基因组测序平台以及SOLiD测序平台为代表二代测序技术，实现了高通量测序，人类可以对一个物种的转录组或基因组进行深度测序。以单分子测序为特点的三代测序技术，在降低测序成本的同时，使基因测序向着更加高效和准确的方向迈进。此外，随着RNA和甲基化DNA测序的发展，个性化的人体肠道菌群分析可以进入普通老百姓的生活，个性化的健康分析和膳食指导也开始提上议程。

二、微生物学的研究进展

　　人类对微生物世界的认识是一个非常漫长的过程。大约在龙山文化早期，人类就已经开始利用微生物来酿酒，虽然那时候还不知道是微生物在起作用。直到 17 世纪 80 年代，微观世界的"黑匣子"才被人类发明的显微镜慢慢开启。1861—1897 年，德国科学家罗伯特·科赫（Robert Koch）以及法国科学家路易斯·巴斯德（Louis Pasteur）为微生物研究奠定了前期基础。1897—1953 年，以布希纳（Buchner）和亚历山大·弗莱明（Alexander Fleming）为代表的科学家们致力于寻找微生物的有益代谢产物（如酶和青霉素），使人类对微生物的认识进入了一个快速发展期。随着分子生物学相关技术的发展和成熟，人类开始从分子水平上认识微生物。近些年，深度测序、生物信息技术以及大数据分析等技术的发展再次开启了人类认识微生物的新篇章。

（一）人类对微生物的认知过程

微生物是一切肉眼看不见或看不清的微小生物，微生物的个体微小、结构简单，通常要用光学显微镜和电子显微镜才能看清楚。微生物涵盖真菌、细菌、微藻类、病毒、小原生动物等众多不同的类群，横跨原核生物界、原生生物界、菌物界、植物界以及动物界五大界，种类繁多、数量巨大，与人类和人类赖以生存的自然环境关系密切。

早在远古时代，人类就广泛利用微生物酿酒、发面、腌制泡菜等。《战国策·魏策二》："昔者，帝女令仪狄作酒而美，进之禹，禹饮而甘之，遂疏仪狄，绝旨酒，曰：'后世必有以酒亡其国者'。"早在 6000 年前，苏美尔人和古埃及人就已经会酿造葡萄酒了，古埃及人还可以利用微生物制作面包和酿造果酒。《周礼·酒正》，就有"辩五齐之名，一曰泛齐，二曰醴齐，三曰盎齐，四曰缇齐，五曰沉齐"的记载，酒正就是周王室掌管酿酒的官员，所谓"五齐"是指中国古代酿酒过程五个阶段的发酵现象。此外，人类还利用微生物进行积肥、沤粪、翻土压青等农业生产。种痘预防天花是人类通过控制和应用微生物的生命活动规律来预防疾病。

17 世纪 80 年代，安东尼·列文虎克发明显微镜，开始了微生物的形态观察。他利用能放大 160 倍的显微镜观察雨水、井水等，发现了许多"活的小动物"，清楚地看见了细菌和原生动物。他的发现和描述首次揭示了一个崭新的生物世界——微生物世界，这在微生物学的发展史上具有划时代的意义（图 4-6）。

图 4-6　虎克显微镜（约 1670 年）

在列文虎克发现微生物世界以后的 200 年间，微生物学的研究基本上停留在形态描述和分门别类阶段。直到 19 世纪中期，以法国的巴斯德和德国的柯赫为代表的科学家才将微生物的研究从形态描述推进到生理学研究阶段，揭露了微生物是造成腐败发酵和人畜疾病的原因，并建立了分离、培养、接种和灭菌等一系列独特的微生物技术，从而奠定了微生物学的基础。同时，开辟了医学和工业微生物等分支学科。由此，巴斯德和柯赫成为微生物学的奠基人。

巴斯德和柯赫的杰出工作使微生物学作为一门独立的学科开始形成，并出现以他们为代表而建立的各分支学科，例如，细菌学（巴斯德、柯赫等）、消毒外科技术（约瑟夫·李斯特）、免疫学（巴斯德、梅契尼科夫、贝林、埃尔利希等）、土壤微生物学（韦诺格拉德斯基等）、病毒学（伊凡诺夫斯基、贝杰林克等）、植物病理学和真菌学（巴里、伯克利等）、酿造学（亨森、乔根森等）以及化学治疗法（埃尔利希等）。微生物学的研究内容日趋丰富使微生物学的发展更加迅速。

19 世纪末和 20 世纪初，微生物学被牢固地建立起来。它主要有两个发展方向：一方面是研究传染病和免疫学，研究疾病的防治和化学治疗剂的功效；另一方面是和遗传学的结合。

近 20 年来，随着基因组学、结构生物学、生物信息学、PCR 技术、高分辨率荧光显微镜及其他物理化学理论和技术等的应用，微生物学的研究取得了一系列突破性进展，微生物学已走出低谷，开始进入它的第三个黄金时代。

（二）人体微生物研究热点的盘点

1. 微生物与各种疾病发生的关联

从人类出生开始，微生物就开始在肠道里定植。在日常接触的食物、空气中，人体的皮肤、口腔、肠道等诸多部位都存在大量的微生物。人体内大约有 100 万亿个微生物，而其中大部分分布在肠道中，占人体微生物总重量的 80% 以上。肠道中许多微生物是有益的，它们帮助人体处理复杂的化合物，还可以生成氨基酸和维生素。因此，肠道微生物的种类和数量与身体健康有密切关系，甚至被认为对人的生命健康非常关键。近些年来，很多科学家都发现肠道微生物与多种人类疾病的发生存在直接关联，包括代谢类疾病（如糖尿病、肥胖等）、心脑血管疾病（如冠心病、动脉粥样硬化等）、消化系统疾病（如炎症性肠炎、肠易激综合征、乳糜泻等）、甚至癌症等；此外，研究者还发现，肠道菌群与神经变性疾病（比如阿尔茨海默病、帕金森病等）的发生存在一定关联。

随着肠道微生物的研究深度不断增加，人体其他部位的微生物研究也逐步开展开来。常见的人体微生物研究环境除肠道外，还包括口腔、皮肤、阴道等。以口腔为例，通过对口腔拭子或唾液、牙菌斑等取样研究，发现口腔菌群的变化不仅与通常意义上理解的牙周炎、龋齿等口腔疾病的发生相关，还可能与心脑血管疾病（如中风）、呼吸系统感染、糖尿病、骨质疏松、不良妊娠等多种不良现象密切相关。

2. 影响深远的国际微生物计划

随着微生物研究的日趋火热，对世界各地自然环境乃至人体微生物的研究显得越来越重要。各国纷纷启动不同研究方向和不同研究目的的微生物组计划，以期从大数据的角度把握微生物变化趋势、掌握规律、造福人类。国际已启动的一系列重大微生物组计划的介绍如下。

（1）美国国家微生物组计划

2016 年 5 月 13 日，美国白宫科学政策办公室与联邦机构、私营基金管理机构一同宣布启动国家微生物组计划（National Microbiome Initiative，简称 NMI），这是美国继脑科学研究计划、精准医学计划、抗癌登月计划之后推出的又一个重大国家科研计划。

计划关注的方向主要包括：一是支持跨学科研究，解决不同生态系统微生物的基本问题；二是开发检测、分析微生物组的工具；三是通过公民科普、公众参与扩大微生物的影响力，培训更多的微生物组相关研究人员。

美国国家微生物组计划的研究人员阵容强大：美国能源部、美国航空航天局、美国国立卫生研究院、美国国家科学基金会、美国农业部都公布了相应的研究方向。这些部门将一起展开环境微生物的研究，构成美国国家微生物组计划的研究系统。美国政府以往每年会投入 3 亿美元在微生物研究上，美国国家微生物组计划将会令这一领域的经费每年增长 1.21 亿美元。

（2）欧盟人体肠道宏基因组计划

欧盟人体肠道宏基因组计划（Metagenomics of the Human Intestinal Tract，以下

简称 MetaHIT 计划）是由欧盟第七框架计划资助的子项目之一。该项目的合作伙伴来自包括中国在内的 8 个国家学术界和工业界的 13 个成员。

MetaHIT 计划的目的是研究人体肠道中的所有微生物群落，进而了解人体肠道中细菌的物种分布，最终为后续研究肠道微生物与人的肥胖、肠炎等疾病的关系提供非常重要的理论依据。作为重要合作伙伴之一，华大基因将为该计划顺利的实施提供科学研究平台。通过开发一系列具有针对性的生物信息学分析方法来对测序数据进行组装、注释、群落多态性研究和基因功能分类。

（3）MetaGenoPolis（以下简称 MGP）计划

MGP 计划是一个由法国倡议未来投资（French initiative future investments）投资的示范性项目。该项目的目的在于，通过定量和功能宏基因组学技术确立人体肠道微生物对健康和疾病的影响。人体微生物组是从人体微生物的角度出发，重新阐明人类种群、生理代谢活动以及疾病的发生与发展，从而为人类健康服务。为了实现以上目标，MGP 计划建立了一个卓越的人类肠道宏观基因组中心，该中心集肠道菌群医疗、科研和生产于一体。

（4）美国和欧盟启动的人体微生物组计划

人体微生物组计划（the Human Microbiome Project，以下简称 HMP）由美国国立卫生研究院（National Institutes of Health，以下简称 NIH）资助。该计划对 5 个人体部位（胃肠道、口腔、鼻腔、女性生殖道和皮肤）的微生物组进行研究，最终 HMP 计划被确定为 NIH 医学研究路线图（NIH roadmap for biomedical research）的重要组成部分。HMP 计划于 2007 年 12 月 19 日正式启动，该计划用 5 年时间耗资 1.5 亿美元完成 900 个人体微生物参考基因组测序。其目标是探索研究人类微生物组的可行性，研究人类微生物组变化与疾病、健康的关系，同时为其他科学研究提供了信息和技术支持。

（5）美国医院微生物组（Hospital Microbiome）计划

这一项目在美国芝加哥的一家私人医院和德国的美国陆军医疗中心进行，对两家医院的外表面、空气、水和人体相关的微生物群落进行分类，以便研究患者和医院工作人员进出医院对其肠道菌群的改变。其具体目的在于确定其对人群特征的影响，包括人际接触空间、建筑物材料空间的群落交替，以及潜在的病原菌定植率。

（6）家庭微生物组（Home Microbiome）计划

家庭微生物组计划是由美国阿贡国家实验室（Argonne National Laboratory）的皮杰克·吉尔伯特（Pijack Gilbert）、博士后丹尼尔·史密斯（Daniel Smith）和技术人员贾拉德·汉普顿 – 马赛尔（Jarrad Hampton-Marcell）领导，以及由阿尔弗雷·皮·斯隆基金会（Alfred P. Sloan Foundation）资助。这项研究与美国开发的MicroBE.net 数据库合作，地球微生物组计划（Earth Microbiome Project）为该研究提供微生物样本，以便尽可能多地了解环境因素对微生物群落的影响。

这些研究计划生成了大量的数据，但是很难对这些数据进行比较和整合。因为不同的人体微生物研究采用的方法不同，这导致了不能有效地比较和诠释这些研究结果。2008 年成立的国际人体微生物组联盟（International Human Microbiome Consortium）和 2011 年开展的国际人体微生物组标准项目（International Human Microbiome Standards Project），已着手去解决上述问题。

（三）微生物研究手段的发展历程

1. 传统的微生物研究手段和检测技术

微生物研究的手段包括显微技术、纯培养技术、DNA 操作技术以及大数据分析技术等。其中，传统微生物研究以培养技术和显微观察为主。

有了显微技术才有了微生物学科的诞生。列文虎克发明了显微镜，并且第一个看到了真菌的孢子形态。列文虎克用显微镜观察用牙签从牙齿上刮下来的东西，发现有无数的"小动物"在游动。因此，显微镜让科学家看到了一个肉眼看不到的新的生物世界。

纯培养技术让科学家可以把自然界里的细菌养在实验室里，从而可以从容不迫地做各种研究。科赫第一个发明纯培养技术，把炭疽杆菌培养出来，接种给健康小鼠。结果证明，炭疽杆菌是引起炭疽病的病原菌，从而创立了疾病的细菌传染学说，为人类控制传染病作出了巨大贡献。

但是直到 20 世纪 80 年代末，微生物学家认识微生物的手段一直没有发生实质性的变化，除了设备更高效和精致一点，基本原理都是靠显微镜观察和纯培养研究，与列文虎克、科赫的方法没有实质性差别。

2. 测序技术带给微生物研究的新突破

一位叫卡尔沃兹的微生物学家彻底改变了人们认识微生物世界的方式，他第一个用细菌的 16S 核糖体 RNA（ribosom RNA，以下简称 rRNA）基因的序列对细菌进行亲缘关系研究。结果发现，不同的细菌，这个基因的序列不太一样，亲缘关系越近的，序列就越相似。因为这个基因是所有细菌都有的，所以用它的序列可以把地球上所有细菌的"家谱"都做出来。已经用纯培养技术研究得比较清楚的细菌，它们的 *16S rRNA* 基因的序列先被测定出来，做成一个进化树，每株细菌是一个分支末端的一片树叶。然后，一位叫诺曼佩斯的微生物学家开始直接分析环境样品里面的 *16S rRNA* 基因序列，结果发现了很多未知细菌的序列。几乎每分析一个样本，都会发现很多与已知细菌差别很大的新细菌。在有了高通量的二代测序技术以后，人类发现新微生物的速度更是快到令人瞠目结舌的地步。例如，利用经典的微生物分类学方法，目前只鉴定出 35 个细菌和古菌的"门"，但是过去几年的测序研究使这一数量提高到接近 1000。1000 个"门"的细菌是多么丰富多彩的生物世界啊！

基于细菌体 *16S rRNA* 基因高变区的微生物多样性分析技术为人类研究微生物物种多样性打开了一扇大门。随着宏基因组及宏转录组测序等多元化测序技术的发展，人们可以对海量数据进行统计和分析，更为清楚地还原微生物群落的原貌，为人类揭开微生物的神秘面纱提供了技术支持。

3. 多组学联合应用推动微生物检测新发展

在了解微生物物种分布的基础上，人们开始探索微生物如何影响人体健康，并试图寻找与某些特定疾病或亚健康状态相关联的微生物代谢产物。通过获取人体不同部位的微生物基因组、转录组、蛋白质组以及代谢组等海量组学数据，可以从不同角度研究肠道微生物与健康的关系，并且发现一些能够用于临床诊断或风险预测的指示性细菌代谢产物，这些产物在临床应用中具有很高的准确性和可验证性。

伴随着多组学技术的应用，人类开始认识到微生物在维持人体健康中起到的关键作用。例如，组成复杂的肠道菌群能够帮助人体抵御疾病、为人体提供营养、甚至在婴儿出生之前就开始影响人体的发育。最近有研究发现，母亲肠道菌群产生的代谢产物可以进入胎儿体内，从而影响胎儿的发育。益生菌通过母亲的产道、乳汁和皮肤在新生儿出生后第一时间进入肠道，形成优势菌"占领"肠道，是保证人体一生健康的重要基础。益生菌通过母亲世世代代传递给孩子，成为除基因遗传之外，每个家族可以世代传递的最宝贵的健康财富。

（四）微生物研究的现状与展望

随着微生物研究的不断深入和发展，科研人员发现，微生物组学研究可谓是一座初露头角的"金矿"，不但能给医学、能源、环境、食品、农业等领域带来革命性的、应用性的技术变化，还能够促进产业升级换代，甚至可能颠覆现有传统科学理念，为大众树立新的生活和健康理念。虽然目前微生物组研究仍存在一定的局限，需要更多的探索和验证，但是仍可见其有巨大的应用前景。各界人士翘首以盼，等待微生物给人类以及自然环境带来巨大变革。

1. 环境微生物的热点研究方向

具有独特生理代谢优势的微生物在解决地球各类危机中所起的作用已完全超乎人类的想象。从污水处理到气候变暖，解决人类如今所面临的能源短缺、环境污染、粮食安全、疾病流行等几乎所有问题的背后，都少不了微生物的参与。

现如今，亿万吨人工制造的有毒化学物质进入环境，已远远超过地球微生物降解和循环利用它们的能力。抗生素的滥用促进了慢性疾病（如肥胖、糖尿病和癌症）的世界性大流行，抗生素耐药性如今已经成为全球影响人类健康的重大问题。不同环境中的微生物抗性基因富集和迁移状况显示，自然环境和人体中抗性基因和耐药基因富集程度随污染和抗生素滥用的增加而愈加严重，且能随水流和土壤等自然环境、动物和人体等发生迁移，并伴随着抗性元件的变异和重组。由此可见，采取行动、多重合作治理污染和减少抗生素滥用具有重要意义。

此外，在特征性或功能性微生物（如污染降解菌等）的选育、基因工程菌的构建、生物能源利用、环境污染降解、生物饲料发酵等方面，微生物都发挥了不可替代的作用。自然生态环境中的微生物研究和应用也将是未来微生物的重要发展方向之一。

2. 微生物研究的医学应用转化

人体内的微生物可通过分泌一些化学物质来影响食物的消化，同时还可以影响药效。这也就意味着微生物组的研究对人类健康具有重要意义，包括开发新的微生物诊断和治疗方法、机体微生物的平衡性检测、利用益生菌产品来预防肠道菌群失调等。

人体微生物的研究对大众有 3 个可期待的应用方向，即微生物组检测、生物治疗和粪菌移植。在微生物组检测领域，可以通过对人体微生物组进行实时监测，帮助客户更好地了解自身菌群，从而无创的感知自身健康状态和疾病风险，并据此采取调控措施。从生物治疗的角度看，可以通过对人体微生物组的研究来开发针对人体微生物的治疗药物，进而改善人体健康状况。而对大部分人而言，有点陌生和排斥的粪菌移植是指将健康人粪便中的功能菌群移植到患者胃肠道内，重建新的肠道菌群，实现肠道内外疾病的治疗。实际上粪便移植或者粪菌移植至少有 1700 年的历史，东晋时期，葛洪《肘后备急方》就有记载用人粪清治疗食物中毒、腹泻、发热并濒临死亡的患者。大量的科学研究证实，粪菌移植并不是天方夜谭，安全可靠的粪菌移植对众多消化系统疾病、代谢类疾病甚至神经系统疾病都有所裨益。因此，科学家和医学工作者们一方面在为粪菌移植提供更多的科学实验支撑，另一方面也在不断寻找更为安全、无创、友好而普适性的优化方法。

3. 微生物组的数据整合和标准化应用

当前的微生物学研究如同"盲人摸象"，由于各国的研究方法和标准不统一，使数据难以比较及整合，这种"碎片化"现状造成了资源的极大浪费。不同学科之间的"碎片化"以及不同研究领域之间缺乏协调合作，已经成为微生物组研究的两大"绊脚石"。目前，从整个数据的存储、质量控制到挖掘、模式识别等都涌现出大量的差异方法论。而测序仪器、测序策略、实验方法、分析软件与参数的差异，都可能造成数据结果的差异，影响数据的整合应用。越来越多的科学家们已经逐渐认识到可靠、稳定和可引用的数据的重要性。他们一方面，通过大量的科学研究找到微生物研究的最优方法论；另一方面，大力呼吁数据标准化和开源应用，结合专业数据库的架设，力求能通过大数据的累积解开地球微生物群落的更多秘密。

本章小结

　　近年来，肠道微生物的研究已经成为世界生命科学领域的研究热点。随着肠道微生物研究的深入，人们发现肠道微生物与人体生理代谢活动息息相关，人体健康或多或少都与它有关。这其实也不难理解，肠道微生物就好比人体内的一个"黑匣子"，一方面，这个"黑匣子"受人体分泌的代谢产物以及摄取的食物的共同影响；另一方面，"黑匣子"本身也会分泌许多代谢产物，它们会通过各种可能的途径影响人体健康。相信随着科学的发展，人类对这个"黑匣子"会越来越了解。到那时候，人们就可以通过改变生活习惯和饮食等诸多方式来改善它们，让它们为人类的健康服务。

三、肠道菌群测序流程及相关技术

近 20 年来，随着基因组学、结构生物学、生物信息学、PCR 技术、高分辨率荧光显微镜及其他物理化学理论和技术等的应用，微生物学的研究取得了一系列突破性进展。特别是在人类基因组计划完成后，许多科学家已经认识到解密人类基因组并不能完全掌握人类疾病与健康的关键问题，因为人类对自身体内存在的巨大数量的、与人体共生的微生物几乎一无所知。由于传统微生物学研究方法存在一定的局限性，人类对生活在自己体内的 95% 以上的微生物没有任何研究数据。高通量测序技术的发展为开展人类微生物组计划研究提供了技术支持。目前，微生物组学技术主要包括扩增子测序技术、宏基因组测序技术、宏转录组测序技术。微生物组学技术的成熟以及不断发展，最终将帮助人类在健康评估与监测、新药研发和个体化用药以及慢性病的早期诊断与治疗等方面取得突破性进展。

（一）扩增子测序

扩增子测序以环境样本中微生物群落为研究对象，通过直接扩增样本中总DNA的特定区域，绕过微生物纯培养瓶颈，高效评估环境样本中微生物群落组成、分布和丰度变化情况。其中，16S测序用来研究群落中细菌/古菌多样性，18S测序用来研究群落中真核生物多样性，ITS测序用来研究群落中真菌多样性。此外，也可通过特定的功能基因测序来揭示特定功能相关的微生物群落分布情况。

1. 实验流程

将准备好的样本依次进行基因组DNA提取、扩增、检测、纯化、文库制备、库检，库检合格后进行上机测序。

2. 信息分析流程

测序的原始下机数据，依次经过数据质控、序列拼接、去嵌合体后，将得到的高质量测序标签（clean tags）进行可操作分类单元（operational taxonomic units，以下简称OTU）聚类分析。之后对OTU进行物种多样性指数分析，以及对测序深度的检测；基于分类学信息可以在各个分类水平上进行群落结构的统计分析；基于系统发育可以进行文库分析（UniFrac）等。在上述分析的基础上，还可以进行一系列群落结构和系统发育等深入的统计学和可视化分析。具体的常见分析内容如下（图4-7）。

（1）OTUs 基础分析

OTU 聚类分析

OTU是在系统发生学或群体遗传学研究中，为了便于进行分析，人为给某一个分类单元（品系、属、种、分组等）设置的同一标志。要了解一个样品测序结果中的菌种、菌属等数目信息，就需要对序列进行归类操作。通过归类操作，将序列按照彼此的相似性分归为许多小组，一个小组就是一个OTU。可根据不同的相似度水平，对所有序列进行OTU划分，通常以97%的相似度对所有序列进行OTU划分，并进行生物信息统计分析。OTU聚类方法有很多，比如Uclust、Cd-hit、Blast、mothur和prefix/suffix等，这些聚类方法均可以在QIIME软件中实现。

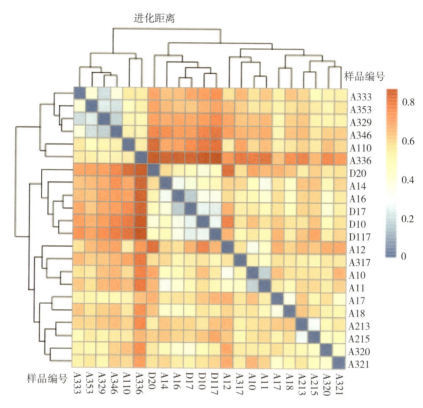

图 4-7　肠道微生物信息分析

一般用 Uclust 按照 97% 的相似度将全部序列聚类，去除单列模式（singleton）的 OTU 后，得到代表序列和 OTU 表。

OTU 分布文氏图（以下简称 Venn 图）

Venn 图可用于统计多个样本中所共有或独有的 OTU 数目，可以比较直观的表现环境样本的 OTU 数目组成相似性及重叠情况。通常情况下，分析时选用相似水平为 97% 的 OTU 样本表。

等级 - 多度（rank-abundance）曲线

等级 - 多度曲线是分析多样性的一种方式。构建方法是统计单一样本中每一个 OTU 所含的序列数，将 OTUs 按丰度（所含有的序列条数）由大到小等级排序，再以 OTU 等级为横坐标，以每个 OTU 中所含的序列数（也可用 OTU 中序列数的相对百分含量）为纵坐标作图。可用来解释多样性的两个方面，即物种丰度和物种均匀度。在水平方向，物种的丰度由曲线的宽度来反映，物种的丰度越高，曲线在横轴上的范围越大；曲线的形状（平滑程度）反映了样本中物种的均匀度，曲线越平缓，物种分布越均匀。

稀释性曲线（rarefaction curve）

稀释性曲线是从样本中随机抽取一定数量的个体，统计这些个体所代表的物种数目，并以个体数与物种数来构建曲线。它可以用来比较测序数据量不同的样本中物种的丰富度，也可以用来说明样本的测序数据量是否合理。对序列进行随机抽样，以抽到的序列数与它们所能代表 OTU 的数目构建稀释性曲线。当曲线趋向平坦时，说明测序数据量合理，更多的数据量只会产生少量新的 OTU；反之，则表明继续测序还可能产生较多新的 OTU。因此，通过作稀释性曲线，可得出样品的测序深度情况。

多样性指数（简称 Shannon-Wiener）曲线

多样性指数是反映样本中微生物多样性的指数。利用各样本的测序量在不同测序深度时的微生物多样性指数构建曲线，以此反映各样本在不同测序数量时的微生物多样性。当曲线趋向平坦时，说明测序数据量足够大，可以反映样本中绝大多数的微生物信息。

物种累积曲线

物种累积曲线（species accumulation curves）是用于描述随着样本量的加大物种增加的状况，是调查样本的物种组成和预测样本中物种丰度的有效工具。在生物多样性和群落调查中，被广泛用于样本量是否充分的判断以及物种丰富度（species richness）的估计。因此，通过物种累积曲线不仅可以判断样本量是否充分，在样本量充分的前提下，还可以对物种丰富度进行预测。

α 多样性指数

群落生态学中研究微生物多样性，通过单样品的多样性分析（α 多样性）可以反映微生物群落的丰度和多样性，使用一系列统计学分析指数估计环境群落的物种丰度和多样性。主要的指数包括 Chao1 指数：菌种丰富度指数，用以估计群落中的 OTU 数目，数值越大代表样品中所含物种越多；物种观察（observed species）指数：随测序深度的增加，实际观测到 OTU 的个数，数值越高表明样品物种丰富度越高；goods_coverage 指数：观测深度；香农（Shannon）指数：用来估算样品中微生物组成的丰富度和均匀度，值越大表示该环境的物种越丰富，各物种分配越均匀。

（2）分类学分析

OTUs 注释

为了得到每个 OTU 对应的物种分类信息，采用 RDP Classifier 算法（默认）或 blast、一致分类法（uclust consensus taxonomy assigner）等方法对 OTU 代表的序列进行比对分析，并在各个水平（界、纲、门、目、科、属、种）注释群落的物种信息。16S 细菌和古菌核糖体数据库一般采用 silva 数据库；ITS 真菌一般用 Unite 真菌库。

核心微生物群组（core microbiome）分析

核心微生物群组分析是通过 QIIME 平台算出覆盖样本的微生物组情况，起初以 50% 的样本数再以 5% 的速率递增，求其百分数覆盖的样本数目所包含的共有的 OTU 情况。统计所有样本的共有 OTU，并鉴别分类水平将其注释。

物种组成分析

根据分类学分析结果，可以得知一个或多个样本在各分类水平上的分类学比对情况。在结果中包含了两个信息：一是样本中含有何种微生物；二是样本中各微生物的序列数，即各微生物的相对丰度。因此，可以使用统计学的分析方法，观测样本在不同分类水平上的群落结构。将多个样本的群落结构分析放在一起对比时，还可以观测其变化情况。用柱状图可视化观察不同样本（或者分组）的物种组成情况，用饼图可视化观察同一个样本（或者同一分组）的菌种含量情况。

热图（heatmap）分析

热图可以用颜色变化来反映二维矩阵或表格中的数据信息，它可以直观地将数据值的大小用定义的颜色深浅表示出来。常根据需要将数据进行物种或样本间丰度相似性聚类，将聚类后的数据表示在热图上，可将高丰度和低丰度的物种分块聚集，通过颜色梯度及相似程度来反映多个样本在各分类水平上群落组成的相似性和差异性（图 4–8）。

（3）OTU 及其分类学统计分析

组间显著性差异（metastats）分析

组间显著性差异分析通过对比两组条件下的多个样品，找出两组中具有显著差异的微生物类型。分析多个样品时，若样品分为两组则直接进行对比分析；分为多组时，则需分别对每两组进行对比分析。

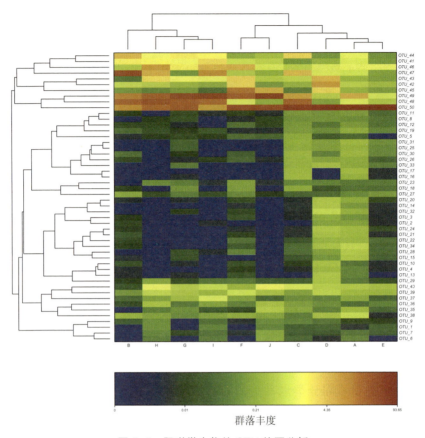

群落丰度

图 4-8　肠道微生物的 OTU 热图分析

秩和检验（Kruskal-Wallis）

秩和检验是一个关于 3 组或更多数据的非参数性测试，可以计算多组独立数据均值之间的差异存在性问题。它只处理在图形上显示数据的波动性，与分子方差分析（analysis of molecular variance，简称 AMOVA）不同，秩和检验不进行关于数据分布的假设。通过秩和检验可以从多个生物学重复的多组数据中得到在 OTU 水平上某些 OTU 是否具有差异性，或在分类学上某些菌种是否具有差异性。这里将 $P<0.05$ 视为有差异的 OTU 或物种。

分子方差分析

分子方差分析是一种传统方差分析的非参数模拟。这种方法被应用于群体遗传学中关于"两个群体进行混池而引起的两个群体遗传多样性差异不显著"这一假说的验证。通过估计单倍型（含等位基因）或基因型之间的进化距离，进行遗传变异的等级剖分，引入进化距离（evolutionary distance）来计量并计算单倍型（或基因型）间的方差，使所有种类的单倍型之间的方差组成一个距离矩阵。

LEfse 分析

线性判别分析效果（LDA effect size，以下简称 LEfse）分析，可以实现多个分组之间的比较，还可以在分组比较的内部进行亚组比较分析，从而找到组间在丰度上有显著差异的物种（即生物标志物）。其分析步骤有三步：首先，在多组样本中采用非参数因子分子方差分析检验，检测不同分组间丰度差异显著的物种，阈值设定为 0.05；然后，在上一步获得的显著差异物种中，用成组的维克松（Wilcoxon）秩和检验来进行组间差异分析，阈值设定为 0.05；最后，用线性判别分析（linear discriminant analysis，以下简称 LDA）对数据进行降维和评估差异显著的物种影响力（即 LDA 分数），阈值设定为 2。

（4）Krona 物种展示

使用 Krnoa 对物种注释结果进行可视化展示，展示结果中，圆圈从内到外依次代表不同的分类级别，扇形的大小代表不同 OTU 注释结果的相对比例。

（5）样本比较分析

Hcluster 分析

Hcluster 分析利用树枝结构描述和比较多个样本间的相似性和差异关系。首先，使用描述群落组成关系和结构的算法计算样本间的距离，即根据 β 多样性距离矩阵进行层次聚类（hierarchical clustering）分析；其次，使用非加权组平均法（unweighted pair group method with arithmetic mean，简称 UPGMA）算法构建树状结构；最后，得到树状关系形式用于可视化分析。

PCA 分析

主成分分析（principal component analysis，以下简称 PCA 分析），是一种对数据进行简化分析的技术。这种方法可以有效地找出数据中最主要的元素和结构，去除噪音和冗余，将原有的复杂数据降维，揭示隐藏在复杂数据背后的简单结构。其优点是简单且无参数限制。通过分析不同样本的 OTU（97% 相似度）组成可以反映样本间的差异和距离。PCA 运用方差分解，将多组数据的差异反映在二维坐标图上，坐标轴取能够最大反映方差值的两个特征值。样本组成越相似，反映在 PCA 图中的距离越近。不同环境间的样本可能表现出分散和聚集的分布情况，PCA 结果中对样本差异性解释度最高的两个成分可以用于对假设因素进行验证。

PCoA 分析

主坐标分析（principal coordinate analysis，以下简称 PCoA 分析）也是一种非约束性的数据降维分析方法，可用来研究样本群落组成的相似性或差异性，与PCA 分析类似。与 PCA 分析的主要区别在于，PCA 分析基于欧氏距离，PCoA 分析基于除欧氏距离以外的其他距离，通过降维找出影响样本群落组成差异的潜在主成分。具体的步骤：首先对一系列的特征值和特征向量进行排序，然后选择排在前几位的最主要特征值，并将其表现在坐标系里，结果相当于距离矩阵的一个旋转。它没有改变样本点之间的相互位置关系，只是改变了坐标系统。该分析主要从 3 个维度上去作 PCoA 分析图，并对三维 PCoA 图进行二维平面显示。另外，PCoA 分为加权 PCoA 分析与非加权 PCoA 分析，加权 PCoA 分析考虑 OTU 的序列丰度，而非加权 PCoA 分析则不考虑序列丰度。

NMDS 分析

非度量多维尺度法（non-metric multidimensional scale method，简称 NMDS）是一种将多维空间的研究对象（样本或变量）简化到低维空间进行定位、分析和归类，同时又保留对象间原始关系的数据分析方法。该方法适用于无法获得研究对象间精确的相似性或相异性数据，仅能得到它们之间等级关系数据的情况。其基本特征是将对象间的相似性或相异性数据看成点间距离的单调函数，在保持原始数据次序关系的基础上，用新的、相同次序的数据列替换原始数据进行度量型多维尺度分析。换句话说，当资料不适合直接进行变量型多维尺度分析时，对其先进行变量变换，再采用变量型多维尺度分析，对原始资料而言，就称之为非度量多维尺度分析。其特点是根据样本中包含的物种信息，以点的形式将其反映在多维空间上；而对不同样本间的差异程度，则是通过点与点间的距离体现的，最终获得样本的空间定位点图。

相似性（anosim）分析

相似性分析是一种非参数检验，用来检验组间（两组或多组）的差异是否显著大于组内差异，从而判断分组是否有意义，这里计算两两组之间的相似性关系，并对所有分组进行计算作图。

CCA/RDA 分析

典范对应分析 / 冗余分析（canonical correspondence analysis/redundancy analysis，以下简称 CCA/RDA 分析）是基于对应分析发展而来的一种排序方法，将对应分析与多元回归分析相结合，每一步计算均与环境因子进行回归，又称多元直接梯度分析，主要用来反映菌群与环境因子之间的关系。RDA 是基于线性模型，CCA 是基于单峰模型。分析可以检测环境因子、样品、菌群三者之间的关系或者两两之间的关系。RDA 或 CCA 的选择原则：先用物种 - 样本（species-sample）资料作去趋势对应分析（detrended correspondence analysis，简称 DCA 分析），看分析结果中梯度长度（lengths of gradient）的第一轴的大小，如果大于 4.0，就应选 CCA；如果为 3.0 ~ 4.0，选 RDA 和 CCA 均可；如果小于 3.0，RDA 的结果要好于 CCA。下图是 RDA 分析图，图中箭头代表不同的环境因子，射线越长表示该环境因子影响越大。环境因子之间的夹角为锐角时表示两个环境因子之间呈正相关关系，为钝角时呈负相关关系（图 4-9）。

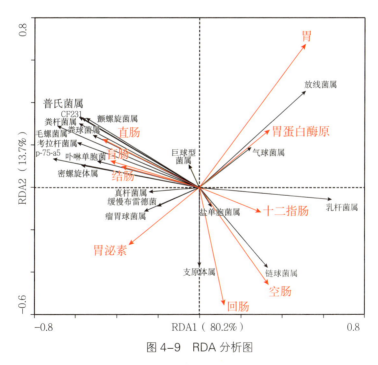

图 4-9 RDA 分析图

（二）宏基因组测序

宏基因组学又称元基因组学，是以特定环境中的所有微生物群体为研究对象，不需对微生物进行分离培养，直接提取环境样本总 DNA 进行研究。利用基因组学策略研究环境样品中所包含的全部微生物的遗传组成及其群落功能，是新的微生物多样性研究方法。该方法以更高的数据通量和更短的测序周期帮助广大科研工作者们更高效地获得特定环境的完整微生物谱。

1. 实验流程

将准备好的样本依次进行基因组 DNA 提取、检测、打断成小片段、文库制备、库检，库检合格后进行上机测序。

2. 信息分析流程

下机数据为原始数据。首先，对测序数据进行质控，如果存在宿主基因组，在质控过后需要去除宿主基因组；其次，对质控过的数据进行组装，基因预测以及功能注释；最后，通过测序数据与不同物种分类数据库的比对分析，得到样本间的物种分类信息，并找寻出差异丰度物种。此外，还可以通过比较样本间差异丰度基因，寻找可应用于功能比较的生物标记物（biomarker）。

（1）测序数据预处理

测序得到的原始测序序列（sequenced reads 或者 raw reads），往往包含有带接头的、低质量的数据。为了保证信息分析质量，须对原始数据过滤，得到有效数据（clean reads），后续分析都基于有效数据。如果样品存在宿主污染，需与宿主数据库进行比对，过滤掉可能来源于宿主的数据。

（2）宏基因组组装

采用宏基因组组装软件 MEGAHIT（v1.0.6）对测序数据进行组装，过滤掉组装结果中 500 bp 以下的片段。

（3）基于预测及丰度分析

采用 MetaGeneMark 软件对组装得到重叠群（contig）序列进行开放阅读框（open reading frame，简称 ORF）预测，使用 CD-HIT 软件对预测的结果去冗余，得到非冗余基因簇。采用 Bowtie 软件将测序数据与构建的非冗余基因簇进行比对，并统计单个基因在不同样本的丰度信息。

（4）常规数据库注释分析

将预测得到非冗余基因簇与常规的功能注释数据库 Refseq 非冗余蛋白质数据库（Refseq non-redundant proteins database，以下简称 NR 数据库）、蛋白质序列数据库（以下简称 Swiss-Prot 数据库）、京都基因与基因组百科全书数据库（Kyoto encyclopedia of genes and genomes databases，以下简称 KEGG 数据库）、同源蛋白簇数据库（cluster of orthologous groups databases，以下简称 COG 数据库）/ 真核同源蛋白簇数据库（eukaryotil orthologous databases，以下简称 KOG 数据库）、基因的进化谱系：非同源组数据库（evolutionary genealogy of genes：Non-supervised orthologous groups databases，以下简称 eggNOG 数据库）、基因本体论数据库（gene ontology databases，以下简称 GO 数据库）、Pfam 数据库进行比对。

KEGG 数据库是系统分析基因功能、基因组信息的数据库，它有助于把基因及表达信息作为一个整体网络进行研究。作为代谢途径相关的主要公共数据库，KEGG 数据库提供的整合代谢途径查询十分出色，包括糖类、核苷酸、氨基酸等的代谢及有机物的生物降解。不仅提供了所有可能的代谢途径，而且对催化各步反应的酶进行了全面的注解，包含有氨基酸序列、蛋白质数据库（protein databases，简称 PDB 库）的链接，等等。是进行生物体内代谢分析、代谢网络研究的强有力工具。

eggNOG 数据库是利用史密斯 – 沃特曼（Smith-Waterman）比对算法对构建的基因直系同源簇（orthologous clusters）进行功能注释，eggNOG V3 涵盖了 1133 个物种的基因，构建了包含 24 类，约 70 万个基因直系同源簇。其中，约 62.5% 的基因直系同源簇具有宽泛的功能注释信息。

GO 数据库是一个国际标准化的基因功能分类体系。旨在建立一个适用于各物种的，对基因和蛋白质功能进行限定和描述的，并能随着研究不断深入而更新的语言词汇标准。GO 分为分子功能（molecular function）、生物过程（biological process）和细胞组成（cellular component）3 个本体。GO 的基本单位为 Term，每个 Term 对应一个功能或属性。

目前有很多的数据库都存储了蛋白序列，比如 NCBI Refseq，protein，Swiss-Prot 等。在各个数据库之间，或者是在某个数据库中，蛋白序列有大量冗余。为了方便使用，美国国立生物技术信息中心（National Biotechnology Information Center，以下简称 NCBI）构建了 NR 数据库。完整的 NR 数据库的蛋白序列和预先构建好的 blast 索引可以从 NCBI 的 ftp 服务器上下载得到，地址为 https://ftp.ncbi.nlm.nih.gov/blast/db/FASTA/。NR 数据库有两大特点：一是对已知的或者可能的编码序列，给出相应的氨基酸序列，其中部分提供蛋白数据库的序列号；二是可以用 blast 软件做比对链接。

Swiss-Prot 数据库是经过注释的蛋白质序列数据库，由欧洲生物信息学研究所维护。数据库尽可能减少冗余序列，并与其他 30 多个数据库建立了交叉引用，包括核酸序列库、蛋白质序列库和蛋白质结构库等。数据库是由蛋白质序列条目构成，每个条目包含蛋白质序列、引用文献信息、分类学信息、注释等，注释中包括蛋白质的功能、转录后修饰、特殊位点和区域、二级结构、四级结构、与其他序列的相似性、序列残缺与疾病的关系、序列变异体和冲突等信息。

Pfam 数据库是一系列蛋白质家族的集合，其中每一个蛋白家族都以多序列比对和隐马尔科夫模型的形式来表示。Pfam 可以通过 http://pfam.sanger.ac.uk/ 使用。Pfam 有两个组成部分：Pfam-A 和 Pfam-B。Pfam-A 的质量比较高，是由人工筛选出来的。另外一些些自动生成的被称为 Pfam-B，虽然质量较低，但是也可以被用来鉴别功能保守区域。

COG 数据库有 3 个特点：首先，蛋白的注解。COG 的一个蛋白成员的已知功能（以及二维或三维结构）可以直接应用到 COG 的其他成员上去。需要注意的是，因为有些 COG 含有旁系同源基因（paralogs），它们的功能并非对应于那些已知蛋白；其次，给出种系发生图谱。在一个特定的 COG 中给出一个给定物种是否含有某些蛋白。系统使用这些图谱可以确定在一个物种中是否存在某种特定的代谢途径；最后，多重对齐。每一个 COG 页面包含了一个可以链接到 COG 成员的多重对齐，可以被用来确定保守序列残基和分析成员蛋白的进化关系。

构成每个 KOG 的蛋白都被假定为来自同一个祖先蛋白，并且这些蛋白要么来自直系（orthologs），要么来自旁系。直系同源蛋白保留与原始蛋白相同的功能，而旁系同源蛋白则可能会进化出新的与原始蛋白有关的功能。目前，该数据库没有在线提交的注释方法，但是可以通过 Swiss-Prot 数据库来获得 KOG 注释信息。数据库链接为 ftp://ftp.ncbi.nih.gov/pub/COG/KOG/kyva。

（5）抗生素抗性基因注释

用综合抗生素研究数据库（comprehensive antibiotic research database，简称 CARD 数据库）来对抗生素抗性基因进行注释。通过该数据库的注释，可以找到耐药性相关基因的类型以及这些基因所耐受的抗生素种类等信息。借助 BLAST 比对软件，将非冗余基因序列与抗生素基因数据库进行比对，并对比对结果进行统计分析。

（6）糖类活性酶数据库注释

糖类活性酶数据库（carbohydrate active enzymes databases，以下简称 CAZyme

数据库）是研究碳水化合物酶的专业级数据库，主要涵盖 6 大功能类：糖苷水解酶（glycoside hydrolases，简称 GHs），糖基转移酶（glycosyl transferases，简称 GTs），多糖裂解酶（polysaccharide lyases，简称 PLs），糖酯酶（carbohydrate esterases，简称 CEs），附属活力酶（auxiliary activities，简称 AAs；氧化还原酶的一种）和糖类结合模块（carbohydrate binding modules，简称 CBMs）。CAZyme 数据库注释主要是借助 HMMER 软件，将非冗余基因序列与数据库进行比对，通过寻找序列间行使功能相似的功能域，对未知序列进行注释。

（7）物种分类注释

目前基于宏基因组的物种分类很多，主要是基于不同的分类软件和软件自身集成的分类数据库，选取 diamond、MEGAN6 两款软件对测序数据进行物种分类。一般选择借助 diamond 比对软件将测序数据与 NR 数据库进行比对，随后借助 MEGAN6 软件得到物种分类结果和细菌、古菌和病毒等在各个样本的分布比例。

（三）宏转录组测序

宏转录组测序是以环境中微生物的全部 RNA 为研究对象，在转录（RNA）水平上分析某一特定环境、特定时期微生物群落物种的多样性及基因表达多样性，结合差异表达基因的功能进一步挖掘潜在的生物标志物，构建核心通路。宏转录组测序研究避开了微生物分离培养困难的难题，有效扩展了微生物资源的利用空间，为微生物的转录研究提供了有效工具。宏转录组测序以更高的数据量和更短的测序周期帮助广大科研工作者们更高效地获得特定环境的完整微生物基因表达图谱。

1. 实验流程

采集实验样品，提取总 RNA，对总 RNA 进行严格的样品质控（图 4-10）。检测合格的样品，去

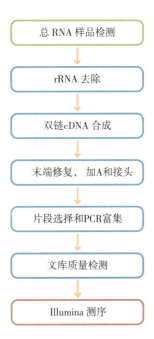

图 4-10　宏转录组建库流程

除 rRNA，构建链特异性文库并做相应的实验检测。检测合格的文库采用 Illumina Hiseq 高通量测序平台进行测序，得到下机数据。

（1）总 RNA 提取检测

对 RNA 样品的检测主要包括两种方法：① Nanodrop 检测 RNA 的纯度（$OD_{260/280}$），② Agilent 2100 精确检测 RNA 的完整性。

（2）文库构建

样品检测合格后，首先使用 Ribo-Zero™ rRNA Removal Kits 试剂盒去除总 RNA 中的 rRNA，然后用 TruSeq Stranded mRNA Library Prep Kit 试剂盒以 mRNA 为模板进行文库构建：①加入 fragmentation buffer 将 mRNA 打断成短片段；②用 6 碱基随机引物（random hexamers）以片段化的 RNA 为模板进行反转录合成单链 cDNA；③加入缓冲液、dNTPs（dUTP、dGTP、dATP 和 dCPT）和 DNA 聚合酶 I 合成双链 cDNA，进行末端修复、加 A、加接头；④利用 USER 酶消化第二链，PCR 扩增生成双链 cDNA，利用 AMPure XP beads 纯化双链 cDNA，对双链 cDNA 进行片段大小的选择；⑤进行 PCR 扩增以构建足量的 cDNA 文库。

（3）文库检测上机

在上机测序之前，需要对构建的文库进行质量检测。首先使用 Agilent 2100 对文库的插入片段大小进行检测；当片段大小符合预期时，再采用荧光定量 PCR 方法对文库的有效浓度进行精确定量（文库有效浓度 > 4 nmol/L），以获得高质量文库；文库质检合格后，按照文库有效浓度及期望数据量的需求对文库进行 pooling、Hiseq 测序仪上机测序。

2. 信息分析流程

测序得到的原始数据，首先，要对原始数据进行预处理，得到有效数据；其次，基于有效数据进行物种分类分析和种群复杂度分析；再次，进行拼接与组装，KEGG、eggNOG、CAZyme 等功能注释以及基于组装结果的基因表达水平分析；最后，基于以上分析结果，可以进行多样品比较分析，如聚类分析等，挖掘出样品之间的物种、表达丰度变化显著的基因以及基因的功能。

（1）测序数据过滤统计

测序得到的原始测序序列，往往包含有带接头的、低质量的数据。为了保证信息分析质量，需对原始数据过滤，得到有效数据，后续分析都基于有效数据。如果样品存在宿主污染，需与宿主数据库进行比对，过滤掉可能来源于宿主的数据。测序数据过滤标准：①过滤带有测序接头的数据，②过滤不确定碱基含量（N）比例大于 10% 的数据，③过滤低质量碱基（$Q \leq 20$）含量大于 50% 的数据。最后，统计过滤前后数据测序错误率分布——GC 分布和 GC 含量。

（2）De novo 组装及注释

采用转录本组装软件 Trinity（v1.0.6）对有效数据进行组装，过滤掉组装结果中 200 bp 以下的片段，获得转录本。组装得到的转录组与不同功能的注释数据库进行蛋白序列 BLAST 比对，并进行功能注释。注释用到的数据库：KEGG 数据库、eggNOG 数据库、CAZyme 数据库、GO 数据库、NR 数据库、Pfam 数据库、Swiss-Port 数据库、CARD 数据库等。

（3）基因表达及差异分析

以 Trinity 拼接得到的转录组作为参考序列（ref）。应用 RSEM 软件将每个样品的有效数据对参考序列绘图，基于绘图结果统计每个样本的每个基因的表达水平。根据基因表达水平分析中得到的 read count[①] 数据，利用 DESeq 软件分析获取表达水平有差异的基因，设置一定的参数（padj<0.05）筛选比较可信的差异基因用作后续分析。

（4）差异基因聚类分析

差异基因聚类分析可用于评估差异基因在不同实验条件下的表达模式。通过将表达模式相同或相近的基因聚集成类，从而识别未知基因的功能或已知基因的未知功能。以不同实验条件下的差异基因的表达水平［使用 lg（FPKM+1）值］做层次聚类分析。分析结果中，不同聚类分枝代表不同的聚类分组信息，表达模式相近的基因聚为一支，可能具有相似的功能或参与调控同一条代谢通路。

除了对差异基因表达量（differential gene expression，简称 FPKM）进行层次聚类分析，还分别用 K 均值聚类算法（K-means clustering gorithm，简称 K-means）和自组织特征图（self-organizing feature map，简称 SOM）等方法对差异基因的相对表达水平值 $\log_2$（ratios）进行聚类。不同的聚类算法分别将差异基因分为若干簇，同一簇中的基因在不同的处理条件下具有相似的表达水平变化趋势。

（5）差异基因功能富集分析

GO 富集分析是基于非中心超几何分布，采用软件 GOseq 对差异基因进行 GO

---

① 每个测序反应得到的序列即为 1 个 read。来源于同一个基因的所有 reads 的数目即为 read count。通过统计某个基因的 read count 就能够获得该基因的丰度。

富集分析。通过富集分析结果找寻显著富集的基因 GO Term，从而能更准确地计算出差异基因所在某一 GO Term 的富集可信度（P 值）。

Pathway 显著性富集分析以 KEGG 代谢通路为单位，应用超几何检验，找出与整个基因组背景相比差异基因显著性富集的代谢通路。在生物体内，不同基因相互协调发挥生物学功能，通过 Pathway 显著性富集能确定差异基因参与的最主要生化代谢途径和信号转导途径，从而将数据分析和生物学问题联系起来。

（6）抗性基因分析

借助 BLAST 比对软件，将非冗余基因序列与 CARD 数据库进行比对注释，可以找到耐药性相关基因的类型以及这些基因所耐受的抗生素种类等信息。结合基因差异结果，解析不同处理对微生物抗性的影响。

（7）物种多样性分析

宏转录组除了基于表达水平解析基因的功能、解释表型变化的内在分子机制，还可以对样本中物种多样性进行分析。

本章小结

通常情况下，研究某一种或一类微生物对人体健康的作用，科研人员需要利用特定的培养基进行微生物的体外培养和富集，之后再通过分子生物学手段研究其功能。遗憾的是，很多肠道微生物都很难在实验室中进行培养。也就是说，体外培养会丢失很多微生物的种群信息。基因测序技术的发展使科研人员不需要依赖微生物体外培养，直接利用近体内（ex vivo）的肠道菌群标本提取整个肠道微生物基因组，借助16S rDNA 和宏基因组测序等技术，以及各种组学和生物信息学方法进行肠道菌群研究，帮助人们系统地理解肠道微生物如何影响人体的健康。

附录

中国居民平衡膳食宝塔（2016）①

盐	<6克
油	25～30克
奶及奶制品	300克
大豆及坚果类	25～35克
畜禽类	40～75克
水产品	40～75克
蛋类	40～50克
蔬菜类	300～500克
水果类	200～350克
谷薯类	250～400克
全谷类和杂豆	50～150克
薯类	50～100克
水	1500～1700毫升

每天活动6000步

① 引自：中国营养学会. 中国居民平衡膳食宝塔（2016）[EB/OL]. https://www.cnsoc.org/tool/85182020011.html.